高等学校统编精品规划教材

能源动力类水动专业
毕业设计与课程设计指南

河海大学 张德虎 郑 源 四川大学 鞠小明 编

中国水利水电出版社
www.waterpub.com.cn

内 容 提 要

本书主要讲述了水电厂机电设计中的基本概念和基本理论、设计原则和计算方法、设备的选择和布置等。全书主要内容有：水轮机组选型设计、调节保证计算及调节设备选择设计、水力机组辅助设备设计、水电厂电气部分设计、厂房布置等。内容取材以反映目前我国水电厂机电设计采用的新技术、新设备和新要求。

本书为热能与动力工程（水利水电动力工程方向）的毕业设计与课程设计指导教材，也可供其他相关专业和从事水电厂机电设备研究、设计、制造、安装调试与运行的技术人员参考。

图书在版编目（CIP）数据

能源动力类水动专业毕业设计与课程设计指南 / 张德虎，郑源，鞠小明编. -- 北京 : 中国水利水电出版社，2010.5(2019.7重印)
高等学校统编精品规划教材
ISBN 978-7-5084-7539-4

Ⅰ. ①能… Ⅱ. ①张… ②郑… ③鞠… Ⅲ. ①水动力学－毕业设计－高等学校－教学参考资料②水动力学－课程设计－高等学校－教学参考资料 Ⅳ. ①TV131.2

中国版本图书馆CIP数据核字(2010)第098097号

书 名	高等学校统编精品规划教材 **能源动力类水动专业毕业设计与课程设计指南**
作 者	河海大学 张德虎 郑源 四川大学 鞠小明 编
出版发行	中国水利水电出版社 （北京市海淀区玉渊潭南路1号D座 100038） 网址：www.waterpub.com.cn E-mail：sales@waterpub.com.cn 电话：（010）68367658（营销中心）
经 售	北京科水图书销售中心（零售） 电话：（010）88383994、63202643、68545874 全国各地新华书店和相关出版物销售网点
排 版	中国水利水电出版社微机排版中心
印 刷	清淞永业（天津）印刷有限公司
规 格	184mm×260mm 16开本 8.25印张 196千字
版 次	2010年5月第1版 2019年7月第2次印刷
定 价	**24.00**元

序

能源是人类赖以生存的基本条件，人类历史的发展与能源的获取与使用密切相关。人类对能源利用的每一次重大突破，都伴随着科技进步、生产力迅速发展和社会生产方式的革命。随着现代社会与经济的高速发展，人类对能源的需求急剧增长。大量使用化石燃料不仅使有限的能源资源逐渐枯竭，同时给环境造成的污染日趋严重。如何使经济、社会、环境和谐与可持续发展，是全世界面临的共同挑战。

水资源是基础性的自然资源，又是经济性的战略资源，同时也是维持生态环境的决定性因素。水力发电是一种可再生的清洁能源，在电力生产中具有不可替代的重要作用，日益受到世界各国的重视。水电作为第一大清洁能源，提供了全世界1/5的电力，目前有24个国家依靠水力发电提供国内90%的电力，55个国家水力发电占全国电力的50%以上。

我国河流众多，是世界上水力资源最丰富的国家。全国水能资源的理论蕴藏量为6.94亿kW（不含台湾地区），年理论发电量6.08万亿kW·h，技术可开发装机容量5.42亿kW，技术可开发年发电量2.47万亿kW·h，经济可开发装机容量4.02亿kW，经济可开发年发电量1.75万亿kW·h。经过长期的开发建设，到2008年全国水电装机总容量达到17152万kW，约占全国总容量的21.64%；年发电量5633亿kW·h，约占全部发电量的16.41%。水电已成为我国仅次于煤炭的第二大常规能源。目前，中国水能资源的开发程度为31.5%，还有巨大的发展潜力。

热能与动力工程专业（水利水电动力工程方向）培养我国水电建设与水能开发的高级工程技术人才，现用教材基本上是20世纪80年代末、90年代中期由水利部科教司组织编写的统编教材，已使用多年。近年来随着科学技术和国家水电建设的迅速发展，新技术、新方法在水力发电领域广泛应用，该专业的理论与技术已经发生了巨大的变化，急需组织力量编写和出版新的教材。

2008年10月由西安理工大学、武汉大学、河海大学、华北水利水电学院在北京联合召开了《热能与动力工程专业（水利水电动力工程方向）教材编写会议》，会议决定编写一套适用于专业教学的“高等学校统编精品规划教材”。新教材的编写，注重继承历届统编教材的经典理论，保证内容的系统性与条理性。新教材将大量吸收新知识、新理论、新技术、新材料在专业领域的应用，努力反映专业与学科前沿的发展趋势，充分体现先进性；新教材强调紧密结合教学实践与需要，合理安排章节次序与内容，改革教材编写方法与版式，具有较强的实用性。希望新教材的出版，对提高热能与动力工程专业（水利水电动力工程方向）人才培养质量、促进专业建设与发展、培养符合时代要求的创新型人才发挥积极的作用。

教育是一个非常复杂的系统工程，教材建设是教育工作关键性的一环，教材编写是一项既清苦又繁重的创造性劳动，好的教材需要编写者广泛的知识和长期的实践积累。我们相信通过广大教师的共同努力和不断实践，会不断涌现出新的精品教材，培养出更多更强的高级人才，开拓能源动力学科教育事业新的天地。

教育部能源动力学科教学指导委员会主任委员
中国工程院院士

2009 年 11 月 30 日

前言

本书根据热能与动力工程专业教学指导委员会制订的热能与动力工程专业（水利水电动力工程专业方向）教学计划编写。全书主要内容有：水轮机组选型设计、调节保证计算及调节设备选择设计、水力机组辅助设备设计、水电厂电气部分设计、厂房布置等。

考虑到毕业设计是大学的最后一个教学环节，也是学生走上工作岗位前的一个重要实践环节。因此，在编写时充分考虑了学生的综合训练和创新思维的培养，以水电厂设计经验、技术进步和发展动向为基础，遵循我国新近修订的有关规程规范，力求做到基本概念、设计原则和设计方法讲述清楚，又能体现先进性、实用性和与规程规范一致性。

第1、第3章由四川大学鞠小明编写；第2章由四川大学陈云良编写；第4、第5章由河海大学张德虎编写；第6章由河海大学郑源编写。

在编写的过程中，各有关院校、设计院及水电站曾给予热情的帮助，在此一并表示衷心的感谢。在编写过程中，刘霞等同学协助收集并整理了部分资料，也在此顺致谢意。

对于本书中的缺点及问题，希望读者给予指正。

编 者

2010年3月

目录

第1章

概　论

1.1　毕业设计的作用、目的、要求和总体原则

1.1.1　毕业设计的作用和目的

毕业设计是工科大学生在毕业之前进行的一项综合性实践教学环节，是训练和检查学生运用所学知识解决实际问题能力的重要教学方法，也是大学阶段培养高级工程技术人才十分重要的锻炼过程，它在培养学生探求真理、强化社会意识、进行科学研究基本训练、提高实践能力与综合素质等方面具有不可替代的作用，学生和指导教师应高度重视这项工作。

对于热能与动力工程专业，毕业设计的具体目的是：综合运用热能与动力工程专业（水利水电动力工程方向）本科阶段学习的专业知识，从事水电站或水泵站的水力机械、辅助设备及相关动力工程的设计和计算工作，培养学生独立思考、严肃认真、大胆创新的设计思想，锻炼学生运用计算机软件进行设计、计算、绘图、编写说明书等方面的能力，养成刻苦钻研、科学务实的学习态度，为毕业后走上新的工作岗位打下良好的基础。

本科毕业设计一般应按照正常的教学进度按计划进行，也可以与毕业实习穿插进行。在布置毕业设计任务之前，学校或学院宜组织指导教师和学生进行毕业设计动员，使教师明确责任，学生明确毕业设计的目的和要求。

1.1.2　毕业设计的要求和总体原则

本科毕业设计的基本教学要求如下：

（1）巩固和扩展学生所学的基本理论和专业知识，培养学生综合运用所学知识分析问题和解决问题的能力、科学研究能力以及创新意识和创新能力。

（2）训练和提高学生在方案设计、资料查阅、计算研究、数据处理、经济分析、外文资料的阅读和翻译、计算机应用、文字表达和设计说明书的撰写等方面的能力和技巧。

（3）培养学生正确的设计思想、理论联系实际的工作作风、严谨的科学态度、善于与他人协作的能力和刻苦钻研、勇于创新的精神。

毕业设计是一项艰苦的、创造性的理论联系实际的学习过程，需要进行设计构思、方案论证、计算分析、图纸绘制、说明书编写等工作，这是一项综合的系统性工作，要求按

照一定的程序进行。尽管每个同学设计的题目和内容不同，但是毕业设计也有总的原则。

首先是毕业设计应体现科学性的原则。一方面，毕业设计是运用自然科学的理论和知识进行设计创造的过程，它必然要受到自然科学基础理论的制约，因此要尊重科学，在现有理论基础上进行设计创造是从事毕业设计的立足点，不能异想天开，提出一些不切实际的幻想；另一方面，自然科学理论也是在不断完善和发展的，因此毕业设计又不能墨守成规，要勇于创新，大胆提出新的理论和设计思想，使毕业设计具有鲜明的时代性和先进性。其次毕业设计要符合社会发展的需要。从事的设计内容应是对社会有益，不违反人类发展的基本规律，符合政治、社会、环境发展方向，具有合法存在条件的技术产品。因此毕业设计内容要庄重、严谨、科学，形式可以多样化，表达的设计思想要先进。

对本科毕业设计指导教师的要求如下：

毕业设计指导教师应由有一定的教学、科研或生产设计经验，熟悉专业培养目标的具有讲师及以上职称的教师担任，也可聘请相当于讲师及以上职称的校外有关单位工程技术人员担任毕业设计指导教师。指导教师负责拟定学生的毕业设计题目和设计任务书；向学生下达毕业设计任务书，组织开展毕业设计开题报告会议，让学生了解毕业设计的任务、目的、要求及工作内容；指定主要的参考资料和调查研究内容；指导学生进行总体方案设计；检查学生的工作进度和质量，及时解答学生提出的有关问题；审查学生的图纸质量、设计计算成果、分析结论；对指导的毕业设计写出综合评语；参加毕业设计的答辩和成绩评定。

对本科毕业设计学生的要求如下：

修完教学计划规定的课程（含实践环节），取得相应的规定学分后方可参加毕业设计；在指导教师的指导下独立完成毕业设计的全过程；勤于实践，敢于创新，按时完成指导教师布置的工作任务；严格遵守设计纪律和学术规范，严禁剽窃他人成果，杜绝抄袭；接受指导教师的设计指导和教学管理；保管好设计资料，未经指导教师同意，不得将设计所涉及的技术内容向外扩散；有责任和义务将设计成果交回学校或学院作为教学资料保存。

1.2 毕业设计的选题、准备和实施

1.2.1 毕业设计的选题

毕业设计选题的一般要求如下：

(1) 满足基本教学要求，体现专业培养目标，具有综合性、先进性，设计和研究要有一定的深度和难度，工作量饱满。

(2) 选题应注重与工程实际相结合，具有一定的理论和应用意义。

(3) 选题应注重有一定的新颖性，原则上要求每生一题，独立完成。

(4) 选题应由指导教师初步拟定或由教师和学生共同拟定。

(5) 选题确定后，原则上设计过程中不得随意更改。

毕业设计的选题十分重要，特别是高等教育扩招后学生人数增多，指导教师往往需要指导多名学生，这给高标准的毕业设计选题工作带来了困难。鉴于水利水电工程的复杂性

和时限性，需要多个专业的互相配合协调，不太可能让学生在短短的毕业设计时间段内真刀真枪地完成某个实际工程的动力设备选型设计，往往只能完成其中某个阶段的工作，这对热能与动力工程专业水利水电动力工程方向的学生全面了解水电站机电设计的过程和方法是不利的。根据有关高校多年的毕业设计选题经验，比较可行的办法是根据现有的已建或在建工程资料进行适当变更，让学生完成一个相对完整的水电站机电设备选型过程，这样的选题方式尽管不是最终将设计成果付诸实施，但是由于资料全面，加上有实际工程的借鉴参考，受其他专业的制约少，学生比较容易按时完成任务，能够达到锻炼学生综合应用所学知识的目的。也可以结合正在进行的实际工程设计任务，指导学生进行某个阶段的设计或从事局部范围的施工设计和研究。为避免学生多、题目少的问题，也可以同一个指导教师的学生共同从事某个实际工程的设计，但是一定要有分工，不同的学生应从事不同的设计内容，并且注意平衡工作量。如果条件许可，聘请有经验的校外工程设计人员担任毕业设计指导教师，将学生安排进校外的工程设计研究院，题目的选择可以结合正在进行的实际工程，这样的方式有利有弊，根据四川大学水电学院的经验，在聘请校外指导教师的同时，也指定一名校内的指导教师作为该学生的毕业设计第二指导教师，这样在选题和最终的毕业设计成果质量控制上容易和学校的要求一致。

随着学生就业的多样性选择，对本科毕业设计的选题要求提出了更高的要求，因才选题、因材施教是今后毕业设计选题的重要方向，毕业设计的题目和内容应尽可能是学生感兴趣的内容，对于在某些方面有特殊才能的学生，可以专门制订毕业设计的题目和设计内容。

1.2.2 毕业设计的准备工作

根据教学安排，通常毕业设计安排在第 8 学期进行，但毕业设计的准备工作应从第 7 学期就开始。对于指导教师，除需要准备不同的毕业设计题目并收集足够的设计资料外，还应当对上届的毕业设计进行回顾与总结，吸收好的经验，改进指导过程中的不足。指导教师拟定的题目和设计任务书是学生进行毕业设计的依据，题目要紧密联系工程实际，最好是指导教师从事的科研生产项目或与热能与动力工程专业（水利水电动力工程方向）相关的应用性研究题目。任务书的内容应明确而具体，具有可操作性。学院或系室应对毕业设计任务书进行审查，并登记备案。

学生在进行毕业设计前应做好充分的思想准备，具备条件时提前与指导教师沟通，选择适合自己特点并感兴趣的题目，学习和训练毕业设计中需要应用的知识和软件，准备必要的设计资料，如借阅有关设计手册、设计规范，购置必要的计算工具等。

1.2.3 毕业设计的实施

毕业设计可由系室主任根据学生人数和学习成绩负责安排分组名单，指导教师组织学生具体实施，毕业设计总体质量控制应符合高等学校本科教学质量要求，指导教师应按照学校要求规范化管理毕业设计的过程和质量控制，学生的毕业设计成果质量由指导教师负责控制，成果质量不能低于学校或学院制订的相关质量标准，系室和学院宜定期或不定期对毕业设计过程进行检查。

毕业设计要求有完整的进度计划，时间安排应与学校的教学进度表一致。

1.3 毕业设计文件

毕业设计文件应统一规范，便于存档管理。毕业设计的文件通常包括毕业设计任务书、毕业设计开题报告、毕业设计指导教师记录表、毕业设计中期检查表、毕业设计指导教师评阅意见表、毕业设计专家评阅意见表、毕业设计答辩情况及成绩评定表、其他有关毕业设计的专门文件或规定等。

毕业设计任务书由指导教师准备好后在毕业设计开始前分发给毕业设计的学生，任务书通常应包括毕业设计的题目、工作任务、完成计划、接受任务的时间、学生姓名、学院、专业、年级等。毕业设计任务书经指导教师和学生签字并报学院审核后正式生效，通常情况下不应中途变更设计题目和设计内容。

学生毕业设计成果以设计说明书、设计计算书、设计图纸的纸质版形式完成，并提供电子版光盘，毕业设计成果由学校或学院统一存档管理。

1.4 毕业设计的评阅和答辩

毕业设计成绩按照指导、评阅、答辩综合评定成绩，指导、评阅、答辩成绩所占比例按照各学校和学院相关规定执行。对毕业设计的成绩评定通常从以下几个方面考虑。

(1) 毕业设计选题是否符合专业培养目标，能否体现综合训练的基本要求，题目难易程度如何，设计研究是否有意义。

(2) 毕业设计图纸是否规范、正确，设计说明书和计算书以及有关图表是否规范、完整，设计方案是否合理，理论计算是否正确，方案论证是否有据，有无原则性的错误，文字语言表达的能力如何，查阅文献资料的能力如何，计算机和应用软件的使用能力如何。

(3) 设计有无创新和突破，综合应用所学知识解决实际问题的能力如何，设计工作量是否饱满。

(4) 设计过程中的工作态度、工作作风如何，有无团队合作精神，是否遵守设计纪律等。

毕业设计的答辩工作是衡量毕业设计学生综合成绩的重要环节，学院应组织毕业设计答辩委员会和答辩分委员会，答辩时间宜安排在毕业设计完成后的数天内完成，答辩方式应庄重、规范并有答辩记录，指导教师不宜参加本组学生的答辩工作。

第2章

水轮机组选型设计

2.1 选型设计的一般原则和设计步骤

2.1.1 选型设计的一般原则

水轮机组选型设计主要包括水轮机型号的选择和有关参数的确定，同时还应认真分析与选型设计有关的各种因素，这关系到电站投资、建设速度、发电量、预想出力以及整个运行期间水能资源利用的程度和电站运转的经济性等。因此，在选型设计过程中应广泛征集水工、机电等多方面的意见，列出可能的待选方案，进行各方案之间的动能经济比较和综合分析，力求选出技术上先进可靠、经济上合理的水轮机。

水轮机选型设计应遵循下列一般原则：

（1）机型的技术特性应适应本电站的水资源条件，以达到有足够的额定出力和较高的运转效率。

（2）所选设备运行稳定可靠、机动灵活，有良好的抗蚀性能，振动、噪声小。

（3）投资及运行费用少。对大型水电站，经济的机电设备费仅占工程总投资的1/3左右。

（4）尽可能短的建设期。

（5）机组供货现实，运输困难少，现场安装方便。

（6）机组具有适应特殊自然条件的能力。

（7）设备的规模与参数首先应从河流的总体规划出发，而不应局限于一个电站的水能利用，特别是梯级水电站。

（8）设备的选择应适应电站自动化的要求。

上述一般原则在具体问题上可能相互有矛盾，应根据具体情况抓住主要因素，合理地进行选型设计。

2.1.2 水轮机组选型设计步骤

水轮机组选型设计在预可行性研究、可行性研究、招标设计及施工详图设计阶段，各项论证工作逐步深入。在工作前期，由于电站有许多参数尚在论证中，因此水轮机的选型设计一般均可根据以往的工程经验进行初选，待条件成熟时再进行全面的技术经济比较。对于中、小型电站，由于工作周期短，同时为节省机组造价，也可以根据经验直接套用现有机组而不再作技术经济比较论证或者简化论证过程、内容。

水轮机组选型设计的一般步骤如下。

1. 收集基本资料

（1）由工程规划单位提供的水文、泥沙、水温、水头、装机容量、流量、下游水位流量关系、水库的各种水位、运行调度设想等资料。

（2）由工程地质部门提供的河床工程地质条件。

（3）水工方面提供的枢纽布置初步设想。

（4）水电站所在地区的电网、电价等资料。

（5）制造厂的初步资料等。

2. 分析与水轮机组选型设计有关的特性和各种因素

主要有各种水轮发电机组的适用条件和应用范围、制造、安装、运输、运行维护、电力用户的要求以及水电站枢纽布置、土建施工、工期安排等。

3. 根据经验初选机组形式和主要参数

（1）选择水轮发电机组的台数及单机容量。

（2）选择水轮机的型号及装置方式。

（3）确定水轮机的轴功率、转轮直径、同步转速、吸出高度及安装高程、轴向水推力、飞逸转速等主要参数。对冲击式水轮机，还要确定射流直径与喷嘴数等。

（4）绘制水轮机的运转综合特性曲线。

（5）确定蜗壳和尾水管的形式及尺寸。

（6）估算水轮机的外形尺寸等有关参数。

4. 拟定参加技术经济比较的可行方案

5. 进行技术经济论证比选，择优推荐水轮发电机组方案及主要参数

2.2　水轮机选型及机组台数的选择

2.2.1　水轮机选型

水轮机型号的选择是在已给定单机容量及各种特征水头的条件下进行的。所给的特征水头反映了水轮机将来运行的水头范围以及这些水头出现的概率。

各类水轮机有一定的适用水头范围，一般可先根据水头段范围进行初步选择。但由于它们的适用范围存在着交叉水头段，因此还必须根据水电站的具体条件进行综合分析比较，以选择最合适的机型。水轮机类型及其适用水头、比转速范围见表2.1。各类水轮机的适用范围除与使用水头有关外，还与机组容量有关，同一类同一比转速的水轮机，在小容量时使用水头较低，在容量较大时使用水头较高，图2.1所示为应用范围。

表 2.1　　　　水轮机的类型及其适用水头、比转速

水轮机形式			适用水头范围 H（m）	比转速范围 n_s（m·kW）
按能量转换分	按水流方式分	按结构特征分		
反击式	贯流式	定桨式	＜20	600～1000
		转桨式		
	轴流式	定桨式	30～50	250～700
		转桨式	3～80	200～850
	斜流式		40～120	100～350
	混流式		30～700	50～300
冲击式	射流式	双击式	5～80	35～150
		斜击式	25～300	30～70
		水斗式	＞200	5～35

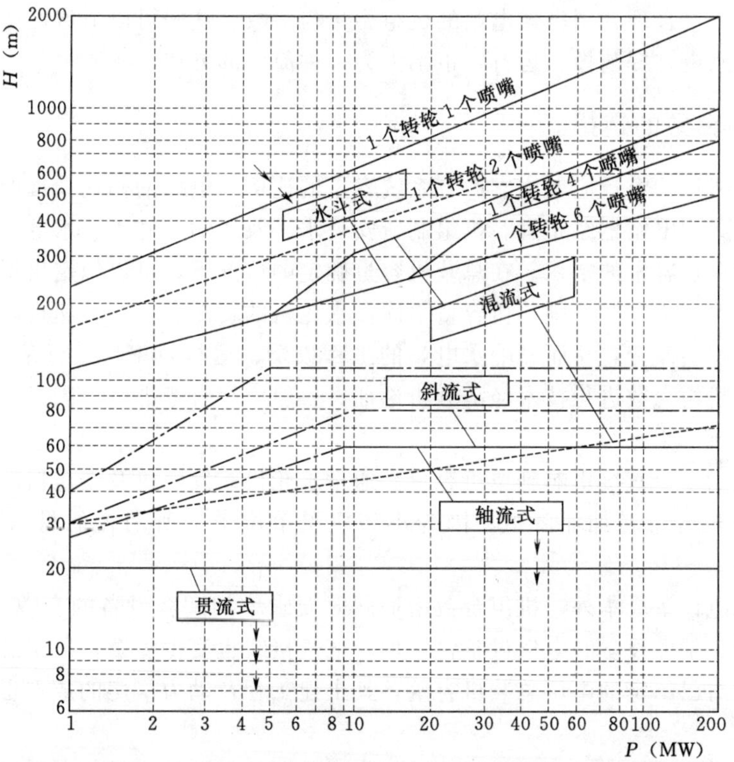

图 2.1　各种类型水轮机应用范围

水轮机型号的选择一般可采取以下 3 种方法。

1. 应用统计资料选择

这种方法以已建水电站的统计资料为基础，通过汇集、统计国内外已建水电站水轮机的基本参数，把它们按水轮机形式、应用水头、单机容量等参数进行分析归类。在此基础上，用数理统计法作出水轮机的比转速、单位参数与应用水头的关系曲线 $n_s = f(H)$、

$n'_1=f(H)$、$Q'_1=f(H)$ 以及水轮机空化系数与比转速的关系曲线 $\sigma=f(n_s)$ 等，或者用数值逼近法得出关于这些参数的经验公式。当确定了水电站的水头与装机容量等基本参数后，可根据统计曲线或经验公式确定水轮机的形式和基本参数。

2. 根据水轮机系列型谱选择

在水轮机型号选择中，起主要作用的是水头，每一种型号的水轮机都有一定的水头使用范围。上限水头是根据其结构强度及空化特性等条件决定的，一般不允许超出，而下限水头是由经济因素决定的。根据已知的水电站水头，可直接从水轮机系列型谱参数表中选出合适的水轮机型号。有时可以选出几种适用的型号，将机型列入比较方案。

水轮机型谱为水轮机的选型设计提供了便利，可使选型工作简化与标准化。但切不可局限于型谱，还应根据水电站的实际情况优化设计，采用更加符合要求、综合性能更好的新型水轮机。

3. 套用机组

根据国内外正在设计、施工或已运行的水电站资料，在设计水头接近、技术经济指标相当的情况下，可合理套用已建电站的机组型号与参数。这样可以节省设计工作量，并可尽早供货，使水电站提前投入运行，也不失为一种简便的方法。

2.2.2　机组台数的选择

确定每台机组的容量应考虑它占有系统容量的比例、电站的初期及远期规模、机组和水库的运行方式、电站枢纽布置、机组制造安装水平及运输条件等。水电站总装机容量等于机组台数和单机容量的乘积。在总装机容量确定的情况下，可以拟定出不同的机组台数方案。当机组台数不同时，则单机容量不同，水轮机的转轮直径、转速也就不同，有时甚至水轮机型号也会改变，从而影响水电站的工程投资、运行效率、运行条件及产品供应。因此要对选择机组台数进行技术经济分析论证，一般应综合考虑以下因素。

1. 成本因素

机组台数的多少直接影响到单机容量。通常水轮机、发电机及变压器的单位千瓦成本均随机组的单机容量增加而降低。因为小型机组单位千瓦所消耗的材料较多，而且费工时。

除主要机电设备成本外，机组台数增加同时要求增加配套设备的套数，相应的闸门、管道、调速器、辅助设备和电气设备将增加，电气接线也变得复杂，厂房总平面尺寸也需增加。因此，对已给定的电厂总装机容量，其土建工程及动力厂房的成本也直接随机组数增加而增加。

从上述两方面因素考虑，实际设计时应优先选用较少的机组数，亦即适当地采用较大的单机容量。当受到地质条件或厂房尺寸限制，要求减小机组数而又不能加大机组尺寸时，有时可以通过增加转轮的比转速提高单机容量。

2. 运行效率因素

当采用不同的机组数时，水电站的运行平均效率是不同的。较大单机尺寸的机组额定出力时效率较高，这对于预计经常满负荷运行的水电厂获得的动能效益特别显著。但部分负荷时，由于负荷不便于在机组间调节，因而不能避开低效率区，因此对变动负荷的水电厂其平均效率低。对调峰电站若机组台数过少，则会常出现小负荷的情况，使机组运行效率过低。机组台数增多，机组的平均效率将有所增加。

此外，机组类型不同时，台数对电站运行效率的影响不同。对于固定叶片式水轮机，尤其是轴流定桨式水轮机，其效率曲线比较陡峭，当出力变化时，效率变化剧烈。若机组台数多一些，则可通过调整开机台数而避开低负荷运行，从而使电站的运行效率明显提高。但是对转桨式水轮机或多喷嘴的水斗式水轮机，由于可以通过改变叶片角度或增减喷嘴的使用数目而使水轮机保持高效率运行，因此，机组台数对电站运行效率的影响较小。

3. 运行维护的因素

机组台数较多，优点是运行方式机动灵活，事故停机时对电站出力影响较小，对单机的检修较易安排。但对整个电站的检修较麻烦，运行用材及消耗品增加；同时操作也较多，开停机频繁，事故率也可能增加。较少机组数的电站，对电站的检修较易，因为每年需检修的机组不多，但对占电力系统容量比例较大的水电厂及大型机组，发生事故时对电力系统的影响较大。

4. 设备制造、运输及安装的因素

机组台数增加时，水轮机和发电机的单机容量减小，则机组的尺寸小，制造、运输及现场安装都较容易；反之，台数减少则机组尺寸增大，机组的制造、运输和安装的难度也相应加大。因此，最大单机容量的选择要考虑制造厂家的加工水平及设备的运输、安装条件。

5. 其他因素

一般情况下，电力系统的事故备用容量不应小于该系统中最大一台单机容量。根据这个原则可选择电站最大可能的单机容量。大、中型电站在电力系统中都有一定重要性，为了使电力系统运行稳定可靠，同时使电站运行方式机动灵活，并考虑到在事故或停机检修时有可靠的厂用电，一般不宜采用单台机组。

采用扩大单元电气接线方式时，机组台数多采用偶数；大型机组受主变压器容量限制，采用单元接线方式，机组台数的选择不必受偶数的限制。

以上与机组台数有关的诸因素，许多是既相互联系又相互矛盾的，在选择时应针对主要因素，进行综合技术经济比较。总体来说，在技术经济条件相当的情况下，选用较大单机容量的机组是有利的。

2.3 水轮机主要参数的选择

2.3.1 水轮机直径的选择

水轮机额定出力为

$$N_r = 9.81QH_r\eta_T = 9.81Q_1'D_1^2\sqrt{H_r}H_r\eta_T$$

发电机额定功率为

$$N_n = N_r\eta_g$$

水轮机转轮直径 D_1 的计算式为

$$D_1=\sqrt{\frac{N_n}{9.81Q'_1H_r^{3/2}\eta_T\eta_g}} \tag{2.1}$$

式中：N_r 为水轮机额定出力，kW；H_r 为水轮机设计水头，m；N_n 为发电机额定功率，kW；η_T为水轮机效率；η_g为发电机效率，与发电机容量有关，一般取0.96～0.98。

设计工况下的单位流量 Q'_1(m^3/s)，可从型谱参数表中查得，尽量取最大值以减小 D_1 值。对混流式水轮机可从该转轮综合特性曲线上最优单位转速 n'_{10M}与出力限制线交点得值Q'_1；对轴流式水轮机，其限制工况由空化条件决定，或采用限制水轮机吸出高度的办法反推。

原型水轮机效率 η_T可根据上述所选的 Q'_1值相应的模型效率 η_M再加上 $\Delta\eta$ 的修正值得到，待 D_1 定出后再按效率换算公式加以修正。

按公式计算所得的转轮直径应尽量按规定的转轮标准直径尺寸系列选取，见表2.2。一般取最接近计算值且偏大的标称直径，特别时也可以不按标准直径尺寸来确定。

表2.2　　反击式水轮机转轮标准直径系列　　单位：cm

25	30	35	(40)	42	50	60	71	(80)	84	100	120
140	160	180	200	225	250	275	300	330	380	410	450
500	550	600	650	700	750	800	850	900	950	1000	

注　括号内的数字仅适用轴流式水轮机。

2.3.2　水轮机转速的选择

水轮机转速 n_N 的计算公式为

$$n_N=n'_{10T}\frac{\sqrt{H_a}}{D_1} \tag{2.2}$$

其中

$$n'_{10T}=n'_{10M}+\Delta n'_1$$

$$\Delta n'_1=n'_{10M}(\sqrt{\eta_{0T}/\eta_{0M}}-1)$$

式中：n'_{10T}为原型水轮机的最优单位转速，r/min；H_a 为平均水头，m；n'_{10M}为模型最优单位转速，r/min，可从转轮基本数据表中查得；$\Delta n'_1$为单位转速修正值，r/min；η_{0T}、η_{0M}分别为最优工况下原型与模型水轮机的效率，当 $\Delta n'_1<0.03n'_{10M}$时，可以忽略 $\Delta n'_1$值。

根据计算所得的转速选取相近的发电机同步转速，见表2.3。若 n 的计算值处于两个同步转速中间，则应进行方案比较后确定。一般希望选取较高转速，从而使发电机的尺寸和重量减小，但以不偏离较高效率区为限。

表2.3　　发电机标准同步转速　　单位：r/min

磁极对数	3	4	5	6	7	8	9	10	12	14
同步转速	1000	750	600	500	428.6	375	333.3	300	250	214.3
磁极对数	16	18	20	22	24	26	28	30	32	34
同步转速	187.5	166.7	150	136.4	125	115.4	107.1	100	93.8	88.2
磁极对数	36	38	40	42	44	46	48	50	52	54
同步转速	83.3	79	75	71.4	68.2	65.2	62.5	60	83.3	79

2.3.3 吸出高度的计算

水轮机在不同工况下的空化系数 σ 是不同的，在方案比较阶段可初步按设计工况下的 σ 值进行计算。待方案选定后再进一步根据水轮机的运行条件、厂房的开挖情况进行不同方案的技术经济比较，选定合适的吸出高度值。

吸出高度 H_s 的计算公式为

$$H_s \leqslant 10 - \frac{E}{900} - K_\sigma \sigma_m H \tag{2.3}$$

或

$$H_s \leqslant 10 - \frac{E}{900} - (\sigma_m + \Delta\sigma) H \tag{2.4}$$

式中：E 为水轮机装置处的高程，m，在初始计算时可取下游平均水位高程；σ_m 为水轮机的模型空化系数；$\Delta\sigma$ 为空化系数修正值，可根据水轮机水头值由图 2.2 查取；H 为水轮机水头；K_σ 为安全系数，根据技术规范，对转桨式水轮机取 $K_\sigma=1.1$，对混流式水轮机，可采用表 2.4 所列数据。

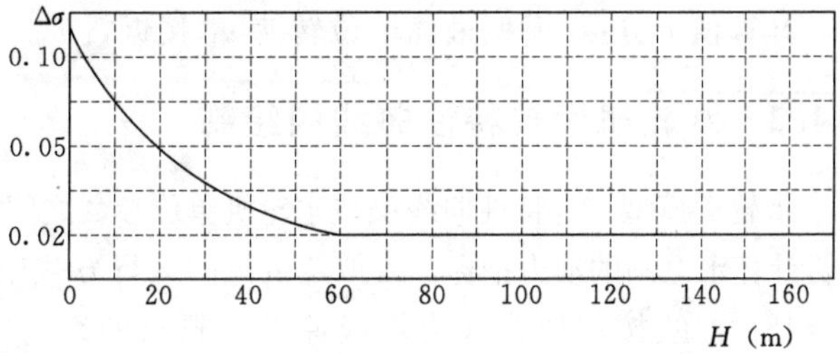

图 2.2 空化系数修正值与水头关系曲线

表 2.4 水轮机水头与空化安全系数

水头 H (m)	30～100	100～250	>250
安全系数 K_σ	1.15	1.20	1

2.4 技术经济指标的计算

2.4.1 水轮机组选型较优方案的确定

可通过检验所选水轮机的实际工作范围，来确定水轮机选型的较优方案。由于所选的标称直径及同步转速均是标准值，与计算结果略有差异。另外，在开始计算时原型水轮机的效率值也是近似假定的。在这种情况下，所选水轮机的参数是否能保持在水轮机的最优效率区，就需要进行检验。检验内容有以下两个方面。

(1) 根据水轮机计算出力 N_r、设计水头 H_r、D_1 和 η 值，计算出其相应的设计单位流量 Q'_{1R}，即

$$Q'_{1R} = \frac{N_r}{9.81 D_1^2 \eta H_r^{3/2}} \tag{2.5}$$

在特性曲线上，检查此 Q'_{1R} 值是否超过了出力限制线或型谱中的推荐值。若超过则说明 D_1 选得偏小；若远远小于出力限制线上的值或推荐值，则说明 D_1 选得过大。总的原则是吸出高度不超过限制值情况下，尽可能使设计单位流量接近出力限制线上的数值或推

荐值。

（2）根据水轮机在最大水头、最小水头的实际运行区域，计算出相应的模型单位转速，以检验水轮机运行区域的效率高低。单位转速的变化范围包括高效区越多，则说明水轮机的平均效率越高。

$$\begin{cases} n'_{1\min} = \dfrac{nD_1}{\sqrt{H_{\max}}} - \Delta n'_1 \\ n'_{1a} = \dfrac{nD_1}{\sqrt{H_a}} - \Delta n'_1 \\ n'_{1\max} = \dfrac{nD_1}{\sqrt{H_{\min}}} - \Delta n'_1 \end{cases} \tag{2.6}$$

计算值 n'_{1a} 应与模型最优单位转速 n'_{10} 接近，$n'_{1\min} \sim n'_{1\max}$ 的范围应包括最优效率区。

2.4.2　水轮机运转特性曲线的绘制

水轮机模型综合特性曲线反映水轮机单位参数之间的关系。在水电站设计及运行中，为了分析计算水电站的动力指标，或拟定机组的运行方式以及考察机组的动力特性，需要把模型综合特性曲线按相似公式换算成原型水轮机的综合特性曲线。以混流式和转桨式水轮机为例。

2.4.2.1　混流式水轮机运转综合特性曲线的绘制

1. 等效率曲线的绘制

等效率曲线是指在某一效率值曲线上任一点的运行工况，水轮机的效率相等。先以表格的形式进行等效率曲线计算，见表2.5，再按以下步骤绘制。

表2.5　　**等效率曲线计算表**

$H_{\min}$				H_r				…	$H_{\max}$			
$n'_{1M} = \dfrac{nD_1}{\sqrt{H_{\min}}} - \Delta n'_1$ $N = 9.81Q'_1 D_1^2 H_{\min}^{1.5}\eta$				$n'_{1M} = \dfrac{nD_1}{\sqrt{H_r}} - \Delta n'_1$ $N = 9.81Q'_1 D_1^2 H_r^{1.5}\eta$				…	$n'_{1M} = \dfrac{nD_1}{\sqrt{H_{\max}}} - \Delta n'_1$ $N = 9.81Q'_1 D_1^2 H_{\max}^{1.5}\eta$			
η_M	Q'_1	η	N	η_M	Q'_1	η	N	…	η_M	Q'_1	η	N
⋮												
在5%出力限制线上												
⋮												

（1）在水轮机工作水头变化范围（$H_{\min} \sim H_{\max}$）内，取若干个间隔均匀的水头（应包括 $II_{\min}$、H_r、$H_{\max}$，一般为4～5个，视精度要求而定），对每个水头绘出效率与出力的工作特性曲线 $\eta = f(N)$。

（2）在曲线 $\eta = f(N)$ 上，过某效率值 η 作水平线与曲线相交，记下各交点的 H、N 值。

（3）将各点的 H、N 值点标在 $H—N$ 坐标图上，并将各点连成光滑曲线，即为某 η 值的等效率线。

通过上述步骤绘出其他效率值的等效率曲线。为确定等效率曲线上的拐点，先由各水头下的最高效率值 η_{T0} 及相应出力 N_0，作出 $\eta_{T0}—H$、$N_0—H$ 两辅助曲线图，再根据效率值查出拐点所对应的水头与出力。

2. 出力限制线的绘制

机组出力限制线表示在不同水头情况下水轮机实际能发出的最大出力。与发电机配套后，水轮机出力还受发电机额定容量的限制。

水轮机设计水头是水轮机发出发电机额定容量（在额定功率因数时）的最小水头，因此，设计水头 H_r 把水轮机出力限制线分成两段：

（1）当 $H \geqslant H_r$ 时，水轮机出力受发电机额定容量的限制，所以此时的限制线是 $N=N_r$ 的垂直线。

（2）当 $H<H_r$ 时，水轮机出力受水轮机最大过流量能力的限制，这时导叶开度已达到最大值，出力限制线可由模型综合特性曲线上的5%出力限制线换算出来。

3. 等吸出高度线的绘制

等吸出高度线表明水轮机在各运行工况时水轮机的最大允许吸出高度 H_s，其绘制步骤如下：

（1）计算出各水头相应的模型单位转速 n'_{1M}，并在模型综合特性曲线上过各 n'_{1M}点作水平线与各等 σ 线相交，查出各交点的 σ、Q'_1、η_M值。

（2）由吸出高度计算公式计算出 H_s，并计算各点的出力 N。

（3）根据各工况点的 H_s、N，绘出各水头下的 $H_s=f(N)$ 曲线。

（4）在 $H_s=f(N)$ 曲线上任取某 H_s 值，作水平线与曲线相交，记下交点的对应值 (N,H) 并绘在 $N—H$ 坐标图上，把各点连成光滑的曲线，即为某 H_s 值的等吸出高度线。

2.4.2.2　转桨式水轮机运转综合特性曲线的绘制

转桨式水轮机运转综合特性曲线的绘制原理与混流式水轮机基本相同。主要区别：转桨式水轮机具有双重调节机构，可在协联方式运行，水轮机的效率修正采用非等值修正法，同一叶片安放角 φ 取同一修正值。转桨式水轮机运转综合特性曲线的绘制方法如下。

1. 等效率线的绘制

（1）对转轮叶片的每一个安放角 φ 求出一个效率修正值 $\Delta\eta(\varphi)$。原型水轮机各 φ 角下的最高效率 $\eta_{T0}(\varphi)$ 与相应模型水轮机最高效率 $\eta_{M0}(\varphi)$ 的修正关系为

$$\begin{cases}\eta_{T0}(\varphi)=1-[1-\eta_{M0}(\varphi)]\left(0.3+0.7\sqrt[5]{\dfrac{D_{1M}}{D_1}}\sqrt[10]{\dfrac{H_M}{H_T}}\right)\\ \Delta\eta(\varphi)=\eta_{T0}(\varphi)-\eta_{M0}(\varphi)\end{cases} \tag{2.7}$$

（2）在 $H_{min}\sim H_{max}$间取若干水头，计算各水头对应的 n'_{1M}，过各 n'_{1M}点作水平线与转桨式水轮机模型综合特性曲线的各等 φ 线相交，找出各交点的 Q'_1、η_M，其中 η_M由内插确定。计算各点的原型水轮机效率与出力，然后根据计算结果绘出各水头下的 $\eta_T=f(N)$ 曲线，同时绘出各水头下的 $Q'_1—N$ 辅助曲线。

（3）在各水头下的 $\eta_T=f(N)$ 曲线的基础上可绘出等效率线，其方法同混流式水轮

机等效率曲线的绘制。

2. 出力限制线的绘制

转桨式水轮机模型综合特性曲线上不标5%出力限制线，但其最大出力受空化的限制。在确定了水轮机的额定工况之后，通常把通过额定工况点的等开度线作为水轮机的出力限制线。在确定为出力限制线的等开度线上取一系列工况点，记下各工况点的 η_M、Q_1'、n_1'，由相似换算公式计算出各点对应的水头 H 及出力 N，将这些点绘在 $N—H$ 坐标系中，连接各点即得到原型水轮机的出力限制线。

转桨式水轮机的出力限制线也可以采用简化绘制方法，其原理同混流式水轮机出力限制线的绘制。由水轮机的最小水头 H_{min} 与额定水头 H_r，分别计算、确定两个控制点，用直线连接，即为 $H<H_r$ 时原型水轮机出力限制线。

当 $H \geqslant H_r$ 时，水轮机的出力限制线由发电机的额定容量确定。

3. 等吸出高度线的绘制

绘制转桨式水轮机的等 H_s 线的原理与混流式水轮机基本相同。区别在于：需利用上面作出的 $Q_1'=f(N)$ 辅助曲线来确定相应的出力 N。然后作出各水头下的 $H_s=f(N)$ 曲线，在此基础上可作出等 H_s 线。

2.4.3 动能经济指标计算

动能经济指标包括容量指标、多年平均发电量、水电站投资和电站年运行费用。

1. 容量指标

通过电力电量平衡求出各方案的容量指标，如单机容量、装机容量、备用容量及重复容量等。

2. 多年平均发电量

在计算多年平均发电量时，不能取机组效率为常数。可利用各方案的运转特性曲线，运用面积法分别求出水轮机的平均效率，再按效率差值求出电能差，最后折算成投资差。

3. 水电站投资

水电站投资包括水轮发电机组设备投资和厂房土建投资等部分。吸出高度 H_s 越小（负数情况）厂房开挖量增大，土建投资越大；机组投资随机组重量增加而增大。

4. 水电站年运行费用

除以上4类绝对指标外，必要时还需要计算各方案的单位指标（如单位千瓦投资、单位电量投资和电能成本）、差值指标（如容量差值、投资差值和年发电量差值等）以及抵偿年限，以资比较。

根据上述计算原则，可以确定动能经济指标较高的机组方案。

2.4.4 机电设备投资估算

机电设备包括水轮机、发电机、调速器、辅助设备、起重设备、开关设备以及变压器等。对每一方案均应分项统计，算出全套设备的总造价，并折算成单位千瓦投资。可根据各部分重量及相应的参考单价，进行各方案的投资估算比较，投资单价可参见表2.6，亦可查阅有关产品目录或样本。

表 2.6　　主要机电设备参考单价表

项目	水轮机	发电机	调速器	桥式起重机	变压器、开关设备	油压装置（不含油）
参考价格	2.5 万元/t	3.0 万元/t	80 万元/台	1.2 万元/t	4.0 万元/t	3.0 万元/t

各部分重量的估算方法如下。

2.4.4.1 水轮机重量估算

1. 水轮机总重 $G(t)$

水轮机总重 $G(t)$ 可由式（2.8）估算，即

$$G(t) = KD_1^a H^b \tag{2.8}$$

式中：K、b 为与水头有关的系数；a 为与水轮机转轮直径有关的系数，可由表 2.7、表 2.8 中查得。

表 2.7　　金属蜗壳、混流式水轮机 K、b、a 系数

K		b		a	
$H=30\sim200$m	$H>200$m	$H=30\sim200$m	$H>200$m	$D_1=1.4\sim7.5$m	$D_1=7.5\sim10$m
8.1	6.6	0.16	0.20	$\frac{11}{5+0.1(7.5-D_1)}$	$\frac{11}{5+0.05(7.5-D_1)}$

表 2.8　　混凝土蜗壳、轴流转桨式水轮机 K、b、a 系数

K	b	a	
$H<80$m	$H<80$m	$D_1=1.8\sim6.5$m	$D_1=6.5\sim11.3$m
2.45	0.4	2.14	$\frac{10.7}{5+0.05(6.5-D_1)}$

2. 水轮机转轮重量

（1）混流式水轮机转轮重量 $G_{HL}(t)$ 为

$$G_{HL}(t) = [0.5 + 0.025(10 - D_1)]D_1^3 \tag{2.9}$$

若转轮为分辨结构，则可按式（2-8）计算结果再增加 10%。

（2）转桨式水轮机转轮重量 $G_{ZZ}(t)$ 为

$$G_{ZZ}(t) = 1.4\,\overline{d_B}H_{max}^{0.1}D_1^{2.6} \tag{2.10}$$

式中：转轮轮毂比$\overline{d_B}=d_g/D_1$。

3. 金属蜗壳重量 $G_S(t)$

$$G_S(t) = M\frac{1}{2.5-0.0528\ln M} \tag{2.11}$$

式中：$M=H_{max}D_1^3Q_{1r}'$，Q_{1r}'为设计水头额定功率下的单位流量，m^3/s。

低水头的混流式水轮机如用混凝土蜗壳，则应从总重量中扣除蜗壳重量；高水头的轴流式水轮机如用金属蜗壳，其总重量应加上蜗壳重量。

各方案水轮机部分的投资，可按表 2.9 所列分项进行比较。

表 2.9　　　　　　　　　　　　水轮机投资估算表

项　　目	方　案　Ⅰ	…
水轮机单重（t/台）		
水轮机总重（t）		
水轮机单价（万元/t）		
水轮机总价（万元）		
调速器单价（万元/台）		
调速器总价（万元）		
起重机重量（t）		
起重机单价（万元/t）		
起重机总价（万元）		
辅助设备（包括主阀）投资（万元）		
安装运输费（万元）		
总投资（万元）		
总耗钢量（t）		
单位千瓦投资（万元/kW）		
单位千瓦耗钢量（t/kW）		

2.4.4.2　发电机重量估算

在初步设计阶段作为方案比较，发电机重量 $G_F(t)$ 可按式（2.12）估算，即

$$G_F(t) = K_G\sqrt[3]{\left(\frac{S_n}{n_N}\right)^2} \tag{2.12}$$

式中：K_G 为估算系数，悬式取 8～10，伞式取 7～9，水内冷取 6.5～7。

转子带轴重量 $G_r(t)$ 可按式（2.13）估算，即

$$G_r(t) = (0.45 \sim 0.55)G_F \text{ 或 } G_r = K_r D_i^2 l_t \tag{2.13}$$

估算系数 K_r 可按表 2.10 所列选取。

表 2.10　　　　　　　　　　　　K_r 值经验数据

n_N（r/min）	D_i（m）	K_r	备　注
214～750	≤6	4.3～6.8	高速机组 D_i 小，K_r 取上限
150～214	5～9	3.1～4.0	
100～150	8～12	2.45～3.10	
54.6～100	10～18	1.55～2.16	

各方案发电机及电气部分的投资，可按表 2.11 所列分项进行比较。

表 2.11　　　　　　　　　　发电机及电气部分投资估算表

项　　目	方　案　Ⅰ	……
发电机单重（t/台）		
发电机总量（t）		
发电机单价（万元/t）		

续表

项　目	方　案　Ⅰ	……
发电机总价（万元）		
变压器、开关总价（万元）		
自动化设备总价（万元）		
设备安装运输费（万元）		
总计（万元）		
单位千瓦投资（万元/kW）		
单位千瓦耗钢量（t/kW）		

2.5 方案的综合比较

2.5.1 经济比较

可根据机电设备的投资估算，进行各方案的经济比较，具体可按表 2.12 所列进行投资汇总比较，选出较经济的方案。

表 2.12　机电投资汇总比较表

	项　目	方　案　Ⅰ	……
水力机械部分	总投资（万元）		
	总耗钢量（t）		
	单位千瓦投资（万元/kW）		
	单位千瓦耗钢量（t/kW）		
电气部分	总投资（万元）		
	总耗钢量（t）		
	单位千瓦投资（万元/kW）		
	单位千瓦耗钢量（t/kW）		
机电投资总计	总投资（万元）		
	总耗钢量（万元/kW）		
	单位千瓦投资（万元/kW）		
	单位千瓦耗钢量（t/kW）		

2.5.2 技术比较

技术条件的比较，主要包括以下内容：

（1）水轮机的制造、运输和安装。

（2）水电站布置情况。

（3）施工条件及电站建设所需时间。

2.5.3 最优方案主要参数

根据上述分析、论证，列出各方案的综合比较，可参见表2.13，比选出最优方案。推荐的最优方案的主要参数可按表2.14列出。

表2.13 水轮机方案比较综合表

项　目	方　案　I	……
水轮机型号		
单机容量（MW）		
机组台数		
转轮直径 D_1（m）		
机组转速（r/min）		
受阻容量（MW）		
计算水头（m）		
水轮机最高效率		
水轮机平均效率		
模型最高效率时的 n_1'		
总投资（万元）		
单位千瓦投资（万元/kW）		
总耗钢量（t）		
单位千瓦耗钢量（t/kW）		
推荐的最优方案		

表2.14 水轮机最优方案主要参数表

项　目	推荐最优方案
最大水头 H_{max}（m）	
最小水头 H_{min}（m）	
平均水头 H_a（m）	
装机容量（MW）	
机组台数	
单机容量（MW）	
水轮机型号	
水轮机额定出力 N_r	
转轮直径 D_1（m）	
机组转速 n_N（r/min）	
额定流量 Q_r（m^3/s）	
水轮机额定效率 η_r	
额定点单位转速 n_1'	
额定点单位流量 Q_1'	
额定点比转速 n_s	
吸出高度 H_s	
总投资（万元）	

2.6 水轮机进、出水流道的计算

2.6.1 金属蜗壳的水力计算

水头大于40m的水轮机多采用金属蜗壳。以与座环蝶形边相接的金属蜗壳为例，具体水力计算可按以下步骤。

1. 蜗壳参数与断面连接尺寸选择

(1) 按图2.3所示的经验曲线选择蜗壳的流速系数 K_V。

(2) 确定蜗壳包角 φ_0，一般为340°～350°。

(3) 与座环连接部位几何尺寸，可根据座环设计给定。

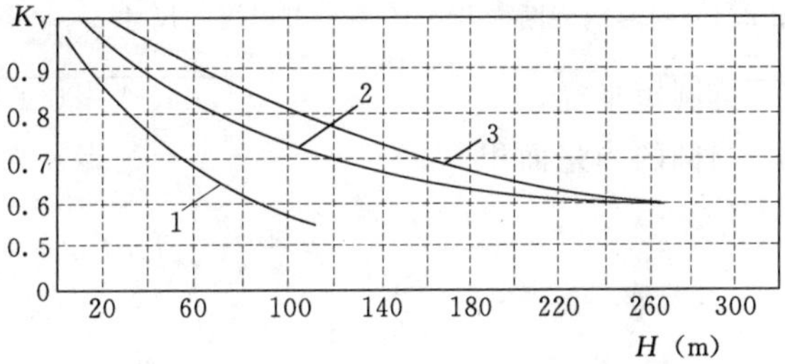

图2.3 金属蜗壳流速系数与水头的关系

1、2—以前产的 K_V 值统计曲线；3—推荐曲线

2. 进口断面计算

进口断面计算包括：断面流量 $Q_0=Q\varphi_0/360°$，Q 为水轮机额定流量；断面流速 $\overline{V_0}=K_V\sqrt{H}$；断面面积 $F_0=Q_0/\overline{V_0}=\pi\rho_0^2$；断面半径 $\rho_0=\sqrt{F_0/\pi}$；断面中心距 $a_0=r_0+\sqrt{\rho_0^2-h^2}$；断面外径 $R_0=a_0+\rho_0$。

由进口断面尺寸，可求出蜗壳系数 C 和蜗壳常数 K 值，即

$$C=\frac{\varphi_0}{a_0-\sqrt{a_0^2-\rho_0^2}} \tag{2.14}$$

$$K=\frac{QC}{360\times 2\pi}=\frac{QC}{720\pi} \tag{2.15}$$

3. 圆断面计算

由图2.4所示的几何关系可得出下列各计算式

$$x=\frac{\varphi_i}{C}+\sqrt{2r_0\frac{\varphi_i}{C}-h^2}$$

$$\rho_i=\sqrt{x^2+h^2}$$

$$a_i=r_0+x$$

$$R_i=a_i+\rho_i$$

由进口断面求得 C 值后可以确定各个圆形断面的尺寸，通常 φ_i 的变化幅度采用15°，可列表格进行具体计算。

4. 椭圆形断面计算

当计算圆形断面半径 $\rho<s$ 时，蜗壳由圆断面过渡到椭圆断面。其方法是求出圆形断面面积，然后将它换算为等面积的椭圆断面。由图2.5所示的几何关系可得到下列计算式，也可列成表格进行具体计算。

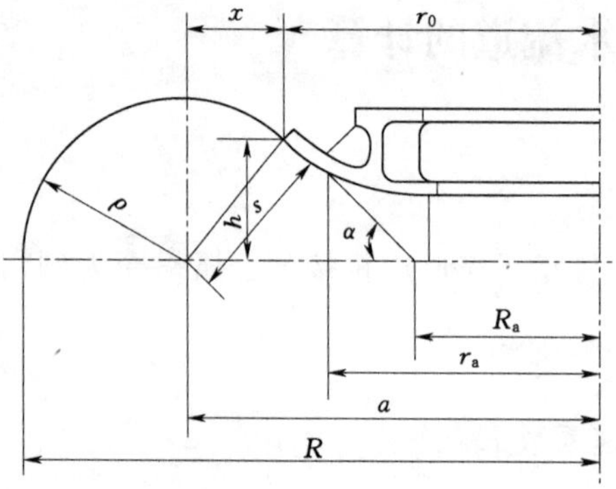

图 2.4 圆形蜗壳断面与座环蝶形边相接的尺寸

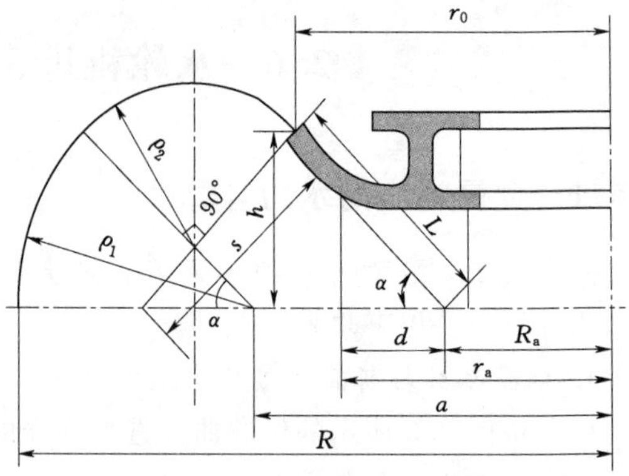

图 2.5 蜗壳椭圆断面与蝶形边相接的尺寸

椭圆短半径 $\rho_2 = \sqrt{1.045A + 0.81L^2} - 1.345L$

与圆的当量面积 $A = \pi\rho^2 + d^2\tan\alpha$

$$\rho = \frac{\varphi_i}{C}\left(\sqrt{\cot^2\alpha + \frac{2R_a}{\varphi_i/c}}\right) + \frac{1}{\sin\alpha}$$

$$d = r_a - R_a$$

椭圆断面长半径 $\rho_1 = L + \rho_2 - \rho_2\cot\alpha$

$$L = h/\sin\alpha$$

椭圆断面中心距 $a = R_a + 1.22\rho_2$

椭圆断面外径 $R = a + \rho_1$

2.6.2 混凝土蜗壳的水力计算

水头小于 40m 的水轮机多采用混凝土蜗壳。水力计算的主要内容包括：根据机组的水头和出力选择蜗壳形式和包角，然后在已知设计水头、设计流量、导叶高度和座环尺寸的基础上，确定蜗壳从进口到鼻端之间各断面的形状及尺寸，最后绘出蜗壳的断面图和平面图。

具体水力计算步骤如下。

1. 进口断面的计算

先计算进口断面流量，即 $Q_0 = Q\varphi_0/360°$，选取的蜗壳包角 φ_0，一般为 180°～270°。再计算出进口断面面积：$F_0 = Q_0/\overline{V_0}$，进口平均流速 $\overline{V_0}$ 对蜗壳内水力损失的大小和蜗壳平面尺寸有很大的影响，要合理地选择。可根据设计水头按图 2.6 所示确定，一般限制在 7～8m/s 以下。

2. 进口断面尺寸的选择

根据厂房布置、地质条件、尾水管高度及下游水位变化等条件，选择断面形状为 T 形或 Γ 形等，具体为：当 $m=0$ 或 $n=0$ 时，比值 $b/a=1.5$～1.85；当 m 及 $n\neq0$，$m>n$ 时，取 $(b-n)/a=1.2$～1.85；$m<n$ 时，取 $(b-m)/a=1.2$～1.85；此时 $b/a=(m+n+b_0)/a$ 应不大于 2.2。当需要缩小机组间距时取较大的比值。

角度 δ 在 20°～30°内选取，一般取 $\delta=30°$。

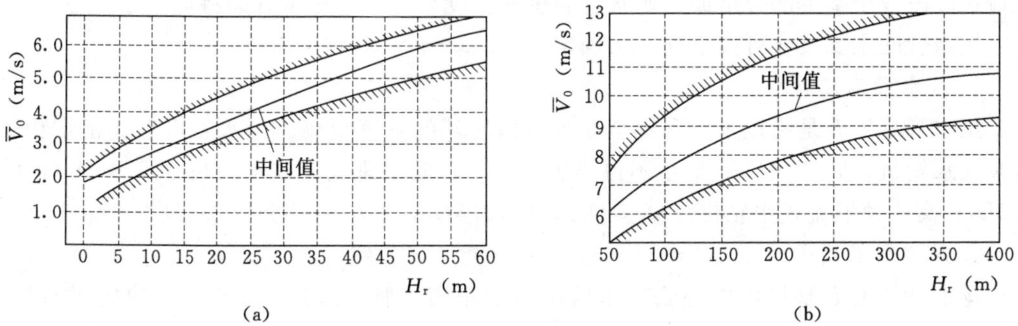

图 2.6　混凝土蜗壳进口断面的平均流速

(a) 适应水头小于 60m；(b) 适应水头为 50～400m

角度 γ 的选择：当 $m \leqslant n$，$\gamma=20°\sim35°$。

当 $m>n$，$\gamma=10°\sim20°$。

当 $n=0$，$\gamma=10°\sim15°$。

3. 绘制蜗壳其余各断面顶角连接线

混凝土蜗壳从进口到鼻端断面的变化是有规律的。把蜗壳所有的断面重叠地绘在一张图上时，将各断面顶点连接起来的曲线，根据需要可采用直线或者抛物线。以采用抛物线为例，先要根据进口断面确定抛物线方程中的常数 k_1 和 k_2。

$$\begin{cases} k_1 = \dfrac{a_i}{\sqrt{n_i}} \\ k_2 = \dfrac{a_i}{\sqrt{m_i}} \end{cases} \tag{2.16}$$

从进口断面外径 r_1 到座环支柱外径 r_a 之间给出若干 a_i 值，代入式（2.16）求出对应各断面的 n_i 和 m_i 值，然后将各断面顶点连接起来。

4. 用图解法求出积分 $\int_{r_b}^{r_i} \dfrac{b}{r}\mathrm{d}r$

可按等速度矩 $V_u r=k$ 规律或等周向速度 $\overline{V}_0=k$ 规律求解。

5. 绘制 $\varphi_i = f(r)$、$Q_i = f(r)$、$\overline{V} = f(r)$ 曲线

可按表 2.15 所列的格式进行各项计算。

表 2.15　　混凝土蜗壳计算表

断　面　号	$\int_{r_b}^{r_i} \dfrac{b(r)}{r}\mathrm{d}r$	$\varphi_i = \dfrac{360°k}{Q}\int_{r_b}^{r_i} \dfrac{b(r)}{r}\mathrm{d}r$	$Q_i = \dfrac{\varphi_i}{360°}Q$	$\overline{V} = \dfrac{Q_i}{F_i}$
⋮				

6. 绘制蜗壳各轴截断面图及平面图

从进口断面起每隔 30°或 45°取一个断面，在 $\varphi_i = f(r)$ 曲线上找到与 φ_i 对应的 r_i 值，绘出平面图，根据断面顶点连接线绘出各相应断面图。

2.6.3　尾水管的选择与计算

大、中型水轮机几乎大都采用弯肘形尾水管，它由进口直锥段、中间弯肘段（肘管）、

出口扩散段3个基本部分组成。尾水管高度和长度是弯肘形尾水管的特征尺寸。

尾水管的主要尺寸可按下列方法确定。

1. 尾水管高度 h

尾水管高度 h 是指尾水管底部至导水机构底环的垂直距离。与水轮机形式密切相关。转桨式水轮机，$h \geqslant 2.3D_1$，最小不得小于 $2.0D_1$；低比速混流式水轮机（$D_1 > D_2$），$h \geqslant 2.2D_1$；高比速混流式水轮机（$D_1 < D_2$），$h \geqslant 2.6D_1$，最小不得小于 $2.3D_1$。

2. 尾水管长度 L

尾水管长度 L 是机组中心到尾水管出口的距离。肘管形式一定时，L 决定了水平扩散段的长度。增加 L 可使尾水管出口动能下降，提高效率。但太长将增加沿程损失和增大厂房水下部分尺寸，一般取 $L=4.5D_1$。

3. 进口直锥段尺寸

锥管的半锥角 β 要采用最优值，对混流式水轮机 $\beta=7°\sim9°$；对转桨式水轮机 $\beta=8°\sim10°$，轮毂比大于0.45时，取下限值。锥管进口直径 D_3 可近似取转轮出口直径 D_2。

4. 中间弯肘段（肘管）尺寸

它对尾水管的性能影响很大，一般推荐采用定型的标准肘管。

5. 出口扩散段尺寸

扩散管通常采用矩形断面，出口宽度 B_5 一般与肘管出口宽度相等；顶板仰角 $\alpha=10°\sim13°$；底板一般呈水平，必要时允许上翘，翘角在 $6°\sim12°$ 内，低比速水轮机取上限。当出口宽度过大时，可按水工结构要求加设支墩，设置支墩后尾水管出口净宽应保持不变。

2.6.4 水轮机进、出水流道单线图的绘制

1. 水轮机进水流道单线图的绘制

水轮机进水流道为蜗壳，可根据2.6.1小节和2.6.2小节中的计算结果，画出蜗壳流道的单线图。

2. 水轮机出水流道单线图的绘制

水轮机出水流道为尾水管，单线图可根据2.6.3小节中的计算结果进行绘制。

第3章

调节保证计算及调节设备选择设计

3.1 调节保证计算的目的、标准和任务

3.1.1 调节保证计算的目的

在水电站运行中，常会遇到各种事故，造成水轮发电机组突然与系统解列，机组甩掉全部负荷，此时水轮发电机组转速上升，调速器关闭导叶，水轮机流量急剧变化，蜗壳和压力管道系统中压力急剧升高，尾水管进口压力降低，若导叶关闭至空载开度，经过一定时间后，机组转速逐渐恢复到空载转速，若紧急停机导叶关闭至零，机组转速逐渐降低直至停机。在上述机组丢弃负荷后的一系列参数调节过渡过程中，水轮发电机组转速升高的最大值和蜗壳压力升高的最大值以及尾水管进口压力降低的最大值是水电站设计中的重要控制参数，机组最大转速升高值可能影响到机组的结构强度、使用寿命及运行稳定性，蜗壳和压力管道的最大压力是蜗壳和压力钢管结构强度的设计依据，而尾水管最大压力降低关系到尾水管进口的真空度。工程实践中曾发生过因甩负荷压力上升太高而导致压力管道爆破的灾难性事故，也曾发生过因机组转速升高太大或尾水管进口真空度太大引起机组损坏的事故。为此，在电站设计阶段就应计算出上述过渡过程中最大转速上升值、最大压力上升值以及尾水管进口的最大真空度，工程上把这种计算称为调节保证计算。

水电站机组丢弃负荷后的过渡过程特性与电站引水系统的布置、机组特性、导叶关闭规律和关闭时间等因素有关，调节保证计算的目的就是在确定的电站引水系统布置前提下，计算选择合理的水轮机导叶关闭规律和关闭时间，使水轮发电机组丢弃负荷后的最大转速升高值、最大蜗壳压力升高值以及尾水管进口最大真空度满足《水电站机电设计规范》要求，对机组制造厂家提出合适的转动惯量要求，或者在计算结果不能满足设计规范的前提下，提出合适的工程措施，确保水电站引水系统和机电设备的安全。

3.1.2 调节保证计算的标准

3.1.2.1 最大压力控制标准

水轮机蜗壳压力通常采用测压管水头来表示，以蜗壳最大压力升高相对值（或称最大压力上升率）为控制标准，过去对蜗壳最大压力升高相对值的定义不统一，有的以蜗壳初始压力为基准，有的以水轮机额定水头为基准，也有的以电站静水头为基准。实际上，对

于蜗壳压力升高，人们更应关心的是蜗壳实际承受的最大压力值，它是确定蜗壳和压力钢管结构强度的设计依据。而基准不同，相对压力升高也会不同。考虑到蜗壳初始压力与机组的负荷和流量有关，同时不同水库水位时即使机组出力相同，蜗壳初始压力也不相同，并且因引水隧洞衬砌变化等原因，电站设计时引水道的水头损失计算与最终运行的实际水头损失存在一定的差异，因此建议相对压力升高值采用以下的定义，即

$$\xi_{max}(\%)=\frac{H_{max}-H_0}{H_0} \tag{3.1}$$

式中：H_{max}为蜗壳最大压力值；H_0为计算工况的蜗壳静压力，也就是导叶关闭后的蜗壳实际承受静压力，它等于计算工况的水库水位与机组安装高程之差，这样不管机组初始工况如何，同一水库水位下的蜗壳静压力是相同的，便于从相对压力换算为实际承受的压力值。

甩全负荷时，有压过水系统允许的最大压力上升率一般不超过表 3.1 所列数值。

表 3.1　　最大压力上升率限制值

电站设计水头（m）	<40	40～100	>100
蜗壳允许最大压力上升率	50%～70%	30%～50%	<30%

3.1.2.2　最高转速控制标准

以最大转速升高相对值作为机组丢弃负荷后的转速升高控制标准，其定义为

$$\beta_{max}(\%)=\frac{n_{max}-n_0}{n_0} \tag{3.2}$$

式中：n_{max}为机组过渡过程中的最高转速；n_0为机组额定转速。

当机组容量占电力系统总容量比例较大，且担任调频任务时，机组甩全负荷后的转速升高相对值$\beta<45\%$；当机组容量在系统中所占比例不大，且担任基荷时，$\beta<55\%$；对于水斗式水轮机，$\beta<30\%$。

3.1.2.3　最大尾水管真空度控制标准

尾水管进口最低压力通常也用测压管水头来表示，尾水管进口压力小于零即表示尾水管进口出现真空，压力的相反数即为真空度，如尾水管进口压力－2.5m，表示真空度为2.5m，对于反击式水轮机，尾水管进口最大真空度不宜超过 8m 水柱，也就是说，尾水管进口的最低压力不宜低于－8m 水柱。

正确理解和应用水电站调节保证计算标准是十分重要的，电站设计时不能墨守成规，死板教条。同样是 30%的压力升高值，对于静水头 100m 的电站，蜗壳最大压力为 130m，而对于 400m 静水头的水电站，蜗壳最大压力高达 520m。因此，从本质上讲，控制蜗壳最大压力升高的目的体现的是电站设计的经济合理性原则；否则，加大蜗壳和压力钢管的钢板厚度也可以抵御压力升高。正因如此，电站设计时在给出相对压力升高的控制标准时，往往还会同时明确规定蜗壳实际允许最大压力的具体控制数值。

需要说明的是，机组丢弃负荷后水轮机导叶关闭，机组过渡过程中出现的最大转速升高和机组发生飞逸是两个不同的概念。机组发生飞逸事故是指机组丢弃负荷后水轮机导叶因各种原因不能关闭，此时机组转速会迅速升高，其升高的最大值远大于上述调节保证计

算的标准。因此机组飞逸是运行所不允许的，也是极其罕见的，而水电站发生丢弃负荷的概率远大于机组发生飞逸的概率，所以调节保证计算是水电站设计必须进行的一项重要工作。

机组增加负荷时，压力输水系统会出现压力降低现象，水电站压力输水系统内的任何点在任何时刻不允许产生负压，并且最小压力高程线应超过管顶高程 2.0m 以上。

3.1.3 调节保证计算的任务

水轮发电机组丢弃负荷后的蜗壳压力升高值和机组转速升高值以及尾水管的最大真空度与机组关机规律和关机时间有关，水电站调节保证计算的任务就是根据水电站引水系统的布置和电站设计参数，选择合适的导叶关闭规律和关机、开机时间，计算水轮发电机组丢弃负荷或增加负荷后有压引水管道系统内的最大内水压力或最小内水压力，计算机组丢弃负荷后的转速升高变化率，计算尾水管的最大真空度，使它们满足《水电站机电设计规范》要求。如果计算结果不满足设计规范要求，应研究宜采取的工程措施，如设置调压室、调压阀、增加机组转动惯量或者改变引水系统的布置和设计参数等。机组丢弃负荷后，水轮机导叶关闭，因水击（也称水锤）现象使压力引水道的压力会升高，尾水道内的压力会降低，而开机或增加负荷则相反，压力引水道的压力会降低，尾水道内的压力会增加。多数情况下，水电站引水道内的最低压力比较容易满足管线顶高程 2.0m 以上的要求，所以在没有特殊要求的情况下，调节保证计算只需对两个甩负荷工况进行，即设计水头甩全负荷工况和最大水头甩全负荷工况，分别计算设计水头工况和最大水头工况甩全负荷时蜗壳和压力引水道的最大压力上升和机组最大转速上升，计算尾水管的最大真空度，将两个工况的计算结果进行比较，取其大者。有时，最大水锤压力也可能出现在甩部分负荷的工况，具体计算时需要根据电站的布置情况和设计参数进行计算比较。

3.2 调节保证计算的方法

水电站调节保证计算的方法主要有解析计算法和非恒定流（也称瞬变流）电算法，下面介绍这两种计算方法。

3.2.1 调节保证计算的解析法

调节保证计算的解析法也称经验公式法，主要是依据理论推导出的经验公式进行计算。水电站调节保证计算的结果与机组初始运行工况有关，也就是与水轮发电机组甩负荷或增负荷前的运行工况点有关。根据水轮机的出力和模型综合特性曲线，计算出机组甩负荷前的引用流量和导叶开度，确定甩负荷前的运行工况点，然后根据下列步骤进行计算。

1. 确定基本数据

水电站形式、压力水管尺寸、水头、机组台数、水轮机流量、出力、水轮机型号以及特性、额定转速、机组转动惯量 GD^2 等。

2. 分别计算设计水头和最大水头下额定负荷时的 $\sum Lv$

$$\sum Lv=\sum L_T v_T+\sum L_c v_c+\sum L_b v_b$$

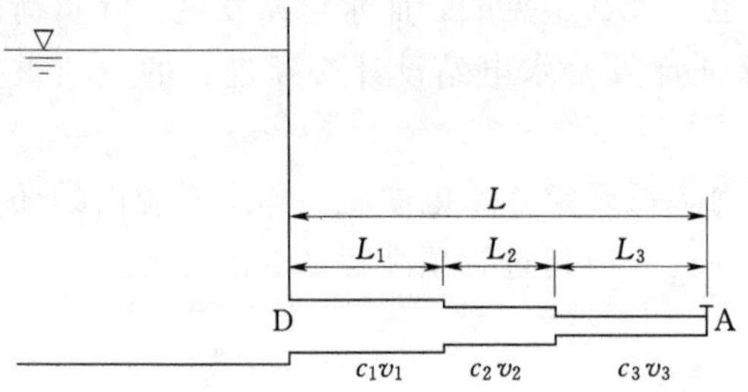

图3.1 串联管示意图

（1）压力水管$\sum L_Tv_T$。对于串联管，$\sum L_Tv_T=L_1v_1+L_2v_2+\cdots+L_iv_i$，如图3.1所示。

对于分叉管，常用的水锤计算方法是截肢法。这种方法的特点是：当机组同时关闭时，选取总长度最大的一根支管，如图3.2（a）所示的支管2，将其余的支管截掉，变成图3.2（b）所示的串联管道，然后用各管段中实际流量求出各管段的流速，最后采用串联管的简化公式相应地求出$\sum L_Tv_T$。

加权平均流速为

$$V_T=\frac{\sum L_Tv_T}{\sum L}$$

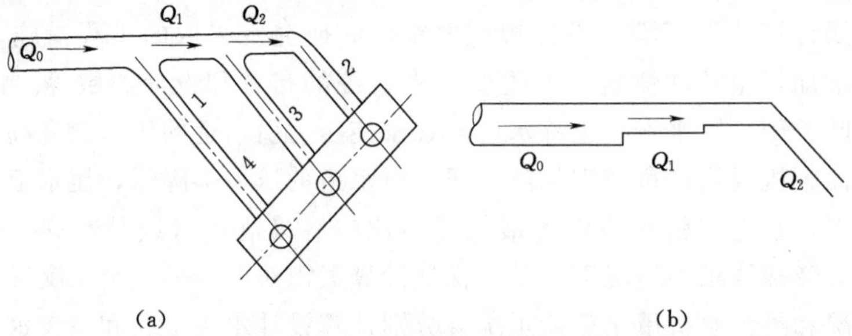

图3.2 分叉管的截肢法

（2）蜗壳$\sum L_cv_c$和尾水管$\sum L_bv_b$。反击式水轮机的过流部件还应包含有蜗壳和尾水管，蜗壳及尾水管的长度、平均流速分别为L_c、V_c；L_b、V_b。水锤基本方程主要假定之一是水流为一元流，而蜗壳和尾水管中的水流现象十分复杂，对于安装混流式水轮机的高水头电站，由于蜗壳和尾水管的$\sum L_cv_c$和$\sum L_bv_b$在总的$\sum Lv$中所占比例较小，将蜗壳和尾水管进行适当简化甚至忽略对计算结果不会带来太大的计算误差，而对于安装了轴流式水轮机的低水头电站，由于蜗壳和尾水管中的水流惯性占有较大的比例，计算时应仔细进行，不能忽视。

经验公式计算时可以将水轮机导叶对流量的控制简化为阀门对流量的控制，这种简化对冲击式水轮机是合适的，而对于反击式水轮机，流量的变化还与机组转速有关，这种简化可能会引起一定的计算误差。

3. 给定直线关闭时间T_s'

水轮机导叶的关闭规律与调速系统的特性有关，实际的关闭规律如图3.3所示。从全开（$\tau_0=1.0$）到全关（$\tau=0$）的全部历时为T_s，曲线开始一段接近水平，关闭的速度极慢，这是由于调节机构的惯性所决定的，在这段过程中，引起的水锤压力很小，对水锤计算没有多大实际意义。在接近关闭终了时，导叶的关闭速度又逐渐减慢，曲线向后延伸，这种现象只对导叶关闭接近终了时的水锤

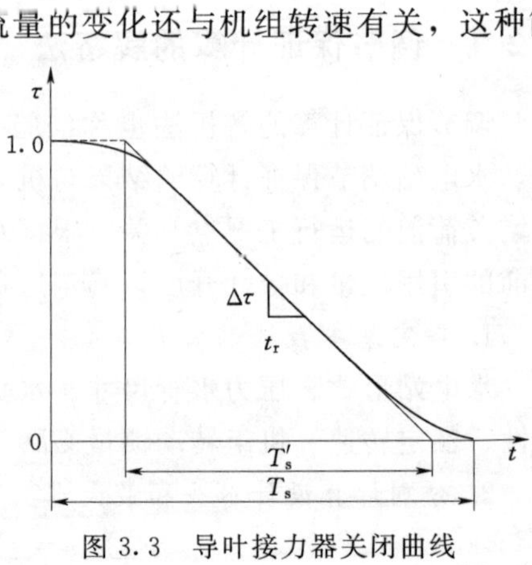

图3.3 导叶接力器关闭曲线

压力有影响。因此为了简化计算，常将导叶关闭过程的直线段加以适当延长，得到 T'_s，T'_s称为直线关闭时间。T'_s一般为 5～10s，对于大容量的机组可延长至 15s，有特殊要求的还可继续延长。

接力器的直线关闭时间 T'_s通常按设计水头下，机组甩全负荷时的工况来确定，对于最大水头甩负荷时的关闭时间 T_{sH}可按式（3.3）计算，即

$$T_{sH} = T'_s \frac{a_{01}}{a_0} \tag{3.3}$$

式中：a_{01}为最大水头下带额定负荷时的导叶开度，mm；a_0 为设计水头下带额定负荷时的导叶开度，mm。

4. 计算水击压力变化

水锤压力计算需要计算水锤波速，水锤波的传播速度为

$$a = \frac{\sqrt{Kg/\gamma}}{\sqrt{1+\dfrac{DK}{\delta E}}} = \frac{1435}{\sqrt{1+\dfrac{DK}{\delta E}}} \quad (\text{m/s}) \tag{3.4}$$

式中：K 为水的体积弹性模量，一般为 2.06×10^3MPa；E 为管壁材料的纵向弹性模量，对于钢材 $E=2.06\times10^5$MPa，铸铁 $E=0.98\times10^5$MPa，混凝土 $E=2.06\times10^4$MPa；g 为重力加速度；D 为管道内径；δ 为管壁厚度；$\sqrt{Kg/\gamma}$为声波在水中的传播速度，随水的温度和压力的升高而加大，一般可取为 1435m/s。

在缺乏资料的情况下，露天钢管的水锤波速可近似地取为 1000m/s，埋藏式钢管可近似地取为 1200m/s，钢筋混凝土管可取 900～1200m/s。

压力水管、蜗壳及尾水管长度、平均流速和水锤波速分别为 L_T、V_T、a_T，L_c、V_c、a_c，L_b、V_b、a_b，则

$$L = L_T + L_c + L_b$$

$$a_m = L\Big/\left(\frac{L_T}{a_T}+\frac{L_c}{a_c}+\frac{L_b}{a_b}\right)$$

$$V_m = (L_T V_T + L_c V_c + L_b V_b)/L$$

管道的平均特性常数为

$$\rho = \frac{a_m V_m}{2gH_0} \tag{3.5}$$

$$\sigma = \frac{LV_m}{gH_0 T'_s} \tag{3.6}$$

若控制流量的阀门起始开度为 τ_0，则可按照下述方法判断水击形式。

当导叶（或阀门）关闭时间 $T'_s\leqslant T_r$ 时，则发生直接水锤，$T_r=2\sum\dfrac{L_i}{a_i}$，称为水锤相长；当 $T'_s>T_r$ 时，发生间接水锤。直接水锤的压力变化很大，是设计时要避免发生的。对于间接水锤，当采用直线关闭规律时，最大水锤压力可能出现在第一相末，也可能出现在第一相之后的某一相，前者因最大水锤压力出现在第一相末，则称为第一相水锤；后者最大水锤压力可能出现在末相，但也可能出现在第一相之后的某一相，并且可能超过末相的水锤压力，不过它们的特点是与末相水锤压力相差不大，则统一称为极限水锤。通常当

$\rho\tau_0<1.0$ 时，常发生第一相水锤；$\rho\tau_0>1.5$ 时，常发生极限水锤；当 $1.0<\rho\tau_0<1.5$ 时，需要根据水锤类型判别图进行判别，水锤类型判别图如图 3.4 所示。

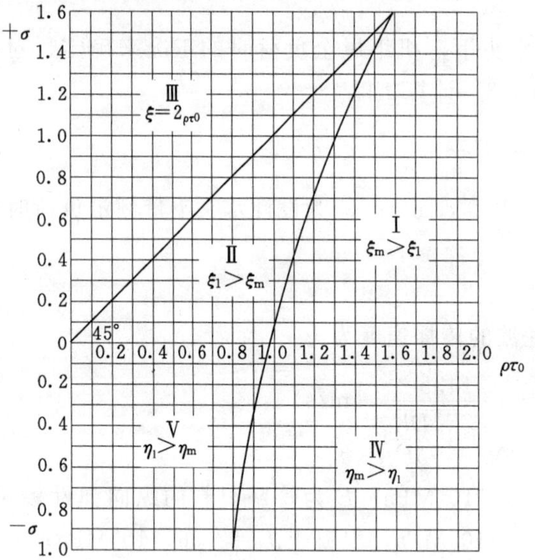

图 3.4　水锤类型判别图

根据水锤（水击）形式，选用相应的公式进行计算，公式见表 3.2。

根据上述公式求出的水击压力升高要乘上一个机型修正系数 K，即

$$\xi_{\max}=K\xi_{\mathrm{m}}$$

在初步设计时，对混流式水轮机取 $K=1.2$，对轴流式水轮机取 $K=1.4$。

然后以压力水管、蜗壳、尾水管 3 部分水体动能为权，将最大水锤压力值 $\xi_{\max}$ 进行分配，求出压力水管、蜗壳末端和尾水管进口的最大水锤压力。

压力水管末端最大压力上升相对值为

$$\xi_{\mathrm{T}}=\frac{L_{\mathrm{T}}V_{\mathrm{T}}}{(L_{\mathrm{T}}+L_{\mathrm{c}}+L_{\mathrm{b}})V_{\mathrm{m}}}\xi_{\max}$$

表 3.2　　水锤压力计算公式汇总表

水击形式		开度 起始	开度 终了	计算公式	近似公式
关闭	直接水击	τ_0	τ_k	$\tau_k\sqrt{1+\xi}=\tau_0-\frac{1}{2\rho}\xi$	$\xi=\frac{2\rho(\tau_0-\tau_k)}{1+\rho\tau_k}$
		τ_0	0	$\xi=2\rho\tau_0$	$\xi=2\rho\tau_0$
		1	0	$\xi=2\rho$	$\xi=2\rho$
	间接水击	τ_0	0	$\xi_{\mathrm{m}}=\frac{\sigma}{2}(\sigma+\sqrt{\sigma^2+4})$	$\xi_{\mathrm{m}}=\frac{2\sigma}{2-\sigma}$
		τ_0		$\tau_1\sqrt{1+\xi_1}=\tau_0-\frac{1}{2\rho}\xi_1$	$\xi_1=\frac{2\sigma}{1+\rho\tau_0-\sigma}$
		1		$\tau_1\sqrt{1+\xi_1}=1-\frac{1}{2\rho}\xi_1$	$\xi_1=\frac{2\sigma}{1+\rho-\sigma}$
		τ_0		$\tau_n\sqrt{1+\xi_n}=\tau_0-\frac{1}{\rho}\sum_{1}^{n-1}\xi_i-\frac{1}{2\rho}\xi_n$	$\xi_n=\frac{2(n\sigma-\sum_{1}^{n-1}\xi_i)}{1+\rho\tau_0-n\sigma}$
开启	直接水击	τ_0	τ_k	$\tau_k\sqrt{1-y}=\tau_0+\frac{1}{2\rho}y$	$y=\frac{2\rho(\tau_k-\tau_0)}{1+\rho\tau_k}$
		τ_0	1	$\sqrt{1-y}=\tau_0+\frac{1}{2\rho}y$	$y=\frac{2\rho(1-\tau_0)}{1+\rho}$
		0	1	$\sqrt{1-y}=\frac{1}{2\rho}y$	$y=\frac{2\rho}{1+\rho}$
	间接水击	τ_0	1	$y_{\mathrm{m}}=\frac{\sigma}{2}(\sqrt{\sigma^2+4}-\sigma)$	$y_{\mathrm{m}}=\frac{2\sigma}{2+\sigma}$
		τ_0	1	$\tau_1\sqrt{1-y_1}=\tau_0+\frac{1}{2\rho}y_1$	$y_1=\frac{2\sigma}{1+\rho\tau_0+\sigma}$

续表

<table>
<tr><th colspan="2" rowspan="2">水 击 形 式</th><th colspan="2">开　度</th><th rowspan="2">计 算 公 式</th><th rowspan="2">近 似 公 式</th></tr>
<tr><th>起始</th><th>终了</th></tr>
<tr><td rowspan="2">开启</td><td rowspan="2">间接水击</td><td>0</td><td>1</td><td>$\tau_1\sqrt{1-y_1}=\frac{1}{2\rho}y_1$</td><td>$y_1=\frac{2\sigma}{1+\sigma}$</td></tr>
<tr><td>τ_0</td><td>1</td><td>$\tau_n\sqrt{1-y_n}=\tau_0+\frac{1}{\rho}\sum_{1}^{n-1}y_i+\frac{1}{2\rho}y_n$</td><td>$y_n=\frac{2(n\sigma-\sum_{1}^{n-1}y_i)}{1+\rho\tau_0+n\sigma}$</td></tr>
</table>

蜗壳末端最大水锤压力上升相对值为

$$\xi_c=\frac{L_T V_T+L_c V_c}{(L_T+L_c+L_b)V_m}\xi_{max}$$

尾水管在导叶或阀门之后，水锤压力变化现象与压力管道相反，其进口处压力下降相对值为

$$y_b=\frac{L_b V_b}{(L_T+L_c+L_b)V_m}\xi_{max}$$

求出尾水管的负水锤后，应校核尾水管进口处的真空度 H_r，以防水流中断。

$$H_r=H_s+y_b H_0+\frac{V_b^2}{2g}<8\sim 9\text{m}$$

式中：H_s 为水轮机的吸出高度；V_b 为尾水管进口断面出现 y_b 时的流速。

5. 机组转速升高计算

机组惯性时间常数为

$$T_a=\frac{GD^2 n_0^2}{3580N_0} \tag{3.7}$$

式中：n_0 为机组转速；N_0 为机组容量。

调节迟滞时间常数为

$$T_c=T_q+0.5b_p T_a$$

式中：T_q 为接力器不动时间，可取 0.1～0.2；b_p 为永态转差系数，一般为 2%～6%。

水锤压力影响系数

$$f=1+\sigma$$

水轮机飞逸特性影响系数

$$\beta_r=\sqrt{\frac{2T_c+T_s'f}{T_a}+1}-1$$

相对转速上升

$$n_e=\frac{n_{1p}'}{n_1'}$$

式中：n_1' 为甩负荷前单位转速；n_{1p}' 为单位飞逸转速。

甩负荷后机组的速率上升值为

$$\beta=\sqrt{1+\frac{(2T_c+T_s'f)C}{T_a}}-1 \tag{3.8}$$

其中
$$C=\frac{1}{1+\frac{\beta_r}{n_e-1}}$$

6. 计算结果不满足要求时

重新给定 T_s'，再进行计算，直至计算结果满足设计规范或电站设计规定的最大压力控制标准。如果不能寻找到合适的关机时间，应研究分段关闭规律或采取其他的工程措施。

3.2.2　调节保证计算的数值计算法

水电站调节保证计算的数值计算方法也称为电算法，是应用水电站非恒定流（也称瞬变流）计算理论，将电站引水系统作为一个有机的整体，全面考虑引水系统的水工建筑物（主要是调压室）和水轮机特性，采用数学模型对水电站机组丢弃负荷后的引水系统水力和机组过渡过程进行数值模拟的一种方法，通常也称为水电站过渡过程计算。这是目前电站设计普遍采用的方法，与解析计算方法相比，电算法的优点是不仅可以计算出压力和转速升高的最大值，而且可以计算出压力和转速的升高过程。

采用电算法进行水电站引水系统水锤压力计算的基本方程，是瞬变流理论中的运动方程和连续方程，有关这些方程的基本假定和理论推导可以参考有关的文献和资料，这里直接列出它们的形式。

运动方程
$$\frac{\partial V}{\partial t}+V\frac{\partial V}{\partial x}+g\frac{\partial H}{\partial x}+\frac{fV|V|}{2D}=0 \tag{3.9}$$

连续方程
$$\frac{\partial H}{\partial t}+V\frac{\partial H}{\partial x}-V\sin\alpha+\frac{a^2}{g}\frac{\partial V}{\partial x}=0 \tag{3.10}$$

式中：H 为压头；V 为流速；x 为从管段左端起算的距离；g 为重力加速度；f 为沿程损失系数；D 为管径；a 为水锤波速；t 为时间。

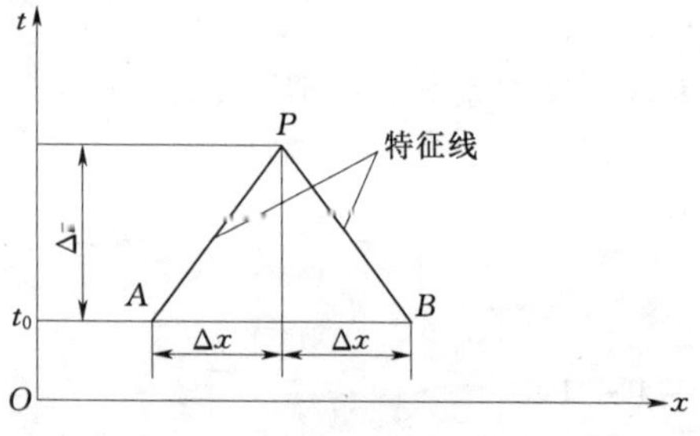

图 3.5　特征线法计算网格

将运动方程和连续方程沿特征线积分，如图 3.5 所示，可得适合于数值计算的特征线方程

$$C^+: H_P=C_P-BQ_P \tag{3.11}$$

$$C^-: H_P=C_M+BQ_P \tag{3.12}$$

$$C_P=H_A+BQ_A-R|Q_A|Q_A$$

$$C_M=H_B-BQ_B+R|Q_B|Q_B$$

$$B=\frac{a}{gA}$$

$$R=f\Delta x\frac{1}{2gDA^2}$$

式中：H_A、Q_A 分别为 $t-\Delta t$ 时刻管段第 $i-1$ 节点处的压头和流量；H_B、Q_B 分别为 $t-\Delta t$ 时刻管段第 $i+1$ 节点处的压头和流量；Δx 为相邻两节点的距离；R 为阻力系数；C_P、C_M 分别与 $t-\Delta t$ 时刻的压头和流量有关，对 t 时刻是已知量。

采用电算法进行调节保证计算，首先应根据设计水电站引水系统的布置，确定计算的数学模型，数学模型应包括从隧洞进水口至水轮机尾水出口的所有建筑物和设备。不同的水电站，引水系统的布置也不同，有的引水隧洞末端设置有调压室，有的是单管单机，也有的是一根压力钢管分叉供水，因此计算前需要画出设计电站的引水系统计算简图，根据计算简图对有压管道进行分段，计算每根管道的水锤波速，寻找合适的计算步长，这个工作可以列表进行，如表 3.3 所示。

表 3.3　管路特性计算表

管　号	长　度	直　径	分段数	节点数	波　速	糙率值	局部损失系数
1							
2							
⋮							

根据引水系统计算简图，编制数学模型计算程序，将引水系统中的水工建筑物和水轮发电机组作为管路系统的节点边界，对于每根管道的中间节点，由正、负特征方程直接求解出节点的压力和流量。对于每根管道的边界节点，通过具体的边界处应满足的边界方程和特定的特征方程进行联立求解，就可以求解出边界节点的压力和流量。下面介绍几种常见的边界处理方程。

1. 进水口水库边界

考虑进水口局部水头损失时，引水隧洞进口水库边界方程为

$$H_P = H_R - (1 + k_1)Q_P^2/(2gA^2) \tag{3.13}$$

$$C^-: H_P = C_{M1} + B_1 Q_P \tag{3.14}$$

式中：H_R 为水库水位；A 为管道截面积。

2. 分叉节点边界

分叉管如图 3.6 所示，其边界条件可表示为

$$H_{P1} = H_{P2} = H_{P3} = H_P \tag{3.15}$$

$$\sum Q_P = Q_{P1} - Q_{P2} - Q_{P3} = 0 \tag{3.16}$$

图 3.6　分叉节点

将特征方程分别应用于相应的管段可得

$$C^+ \ Q_{P1} = \frac{C_{P1} - H_P}{B_{R1}}$$

$$C^- \ Q_{P2} = \frac{-C_{M2} - H_P}{B_{S2}}$$

$$C^- \ Q_{P3} = \frac{-C_{M3} - H_P}{B_{S3}}$$

将以上三式代入式（3.16）可得

$$H_P = \frac{\dfrac{C_{P1}}{B_{R1}} + \dfrac{C_{M2}}{B_{S2}} + \dfrac{C_{M3}}{B_{S3}}}{\dfrac{1}{B_{R1}} + \dfrac{1}{B_{S2}} + \dfrac{1}{B_{S3}}} \tag{3.17}$$

一般地，设在分叉处有 n 条支管，其中 l 条汇流，m 条出流，按上述方法不难证明

$$H_P = \frac{\sum^{l} \frac{C_P}{B_R} + \sum^{M} \frac{C_M}{B_S}}{\sum^{n} \frac{1}{B}} \tag{3.18}$$

这就是分叉节点处的边界方程。

3. 调压室边界

水电站调压室的形式多样，这里仅列出常见的阻抗式调压室边界，对于其他形式的调压室，可参考相关资料。

调压室处的边界方程主要有

$$\begin{aligned} C^+: H_{P1} &= C_{P1} - B_1 Q_{P1} \\ C^-: H_{P2} &= C_{M2} + B_2 Q_{P2} \\ H_{P1} &= H_{P2} = H_{PS} \\ Q_{P1} - Q_{P2} &= Q_S \\ \frac{dZ}{dt} &= \frac{1}{F} Q_S \\ Z &= H_{PS} - K Q_S^2 \end{aligned}$$

式中：下标 1 和 2 分别表示调压室前面管（隧洞）和调压室后面管（压力钢管）的参量；Q_S 为流入调压室的流量；Z 为调压室的水位；F 为调压室截面积；K 为水流流入调压室时的阻力系数，流出时应取不同的值。

上述方程联立求解，可以求出调压室水位 Z 及对应节点的压力和流量值。

4. 水轮机边界

对于反击式水轮机，其主要边界方程为

$$\begin{aligned} H_{PU} &= C_{P1} - B_1 Q_P \\ H_{PD} &= C_{M2} + B_2 Q_P \\ H_P &= H_{PU} + \frac{Q^2}{2gA_1^2} - H_{PD} - \frac{Q^2}{2gA_2^2} \\ Q &= Q'_1 D_1^2 \sqrt{H_P} \\ \frac{d\omega}{dt} &= \frac{1}{J}(M_t - M_g) \\ M_t &= M'_1 D_1^3 H \eta_P / \eta_M \\ \omega &= 2\pi n \end{aligned}$$

式中：下标 1 和 2 分别表示压力钢管和尾水管的参量；H_{PU} 为水轮机进口断面压头；H_{PD} 为水轮机出口断面压头；Q_P 为水轮机过渡状态时引用流量；M_t 为过渡状态水轮机动力矩；M_g 为发电机阻力矩；ω 为过渡状态时水轮机旋转角速度；n 为过渡状态时水轮机转速；Q'_1 为过渡状态时单位流量；J 为机组总转动惯量。

上述方程联立，可求解水轮机过渡状态中的水头 H_P 和转速 n 值。

水轮机的型号不同，其力矩特性和流量特性也不同，反击式水轮机的模型综合特性曲线如图 3.7 所示。根据该特性曲线，可以作出水轮机的单位力矩特性曲线和单位流量特性曲线，如图 3.8 所示。

编制程序计算时，需要将单位力矩特性和流量特性以数据点的形式输入计算机，采用插值的方法求取对应单位转速和某个导叶开度下的单位力矩和单位流量。机组甩负荷后，水轮机的工况点变化如图 3.9 所示，其中第一象限为水轮机区，此时水轮机力矩为正，即水轮机正常运行的工况，将水能转化为机械能，第四象限的一部分是制动区和反水泵工况区，而在横坐标轴上对应的各点就是逸速工况。在制动区水力矩是负的，即水轮机要消耗发电机给它的能量，同时水流还从上游流向下游，水能也被水轮机所消耗，称为制动工况。从图上可明显看出，在导叶开度不变的情况下，随着 n'_1 的增加，机组运行工况由水轮机工况进入逸速工况，然后再进入制动工况。

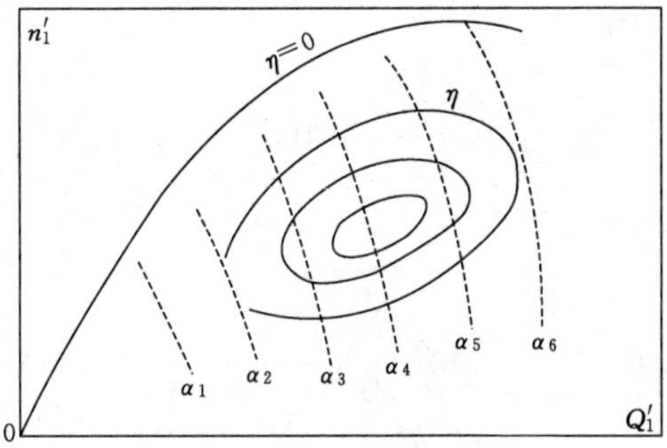

图 3.7　反击式水轮机模型综合特性曲线

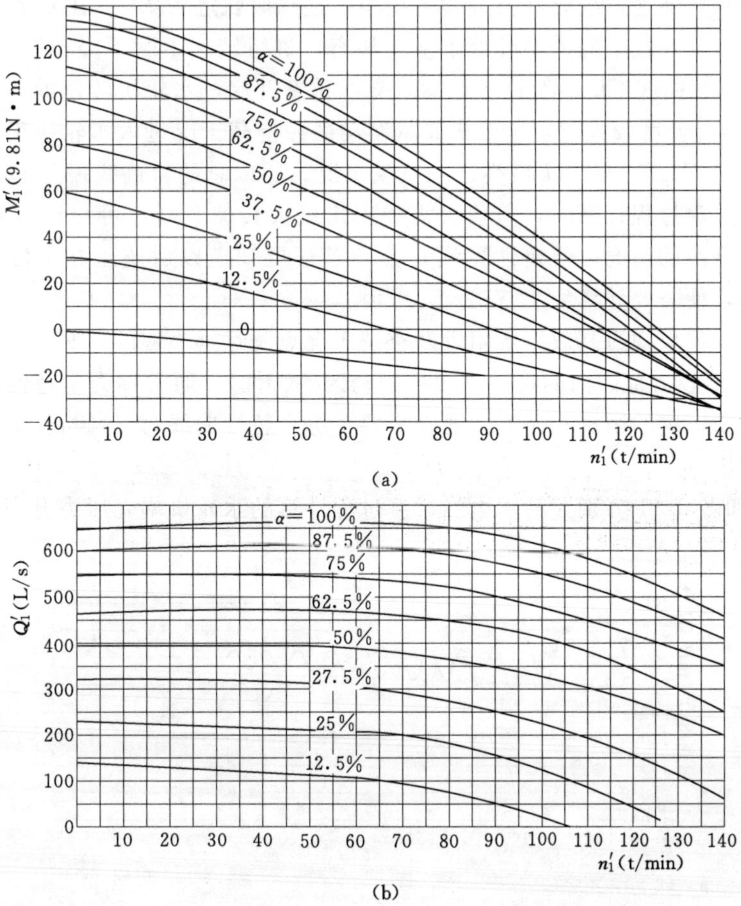

图 3.8　某反击式水轮机单位力矩特性曲线和单位流量特性曲线

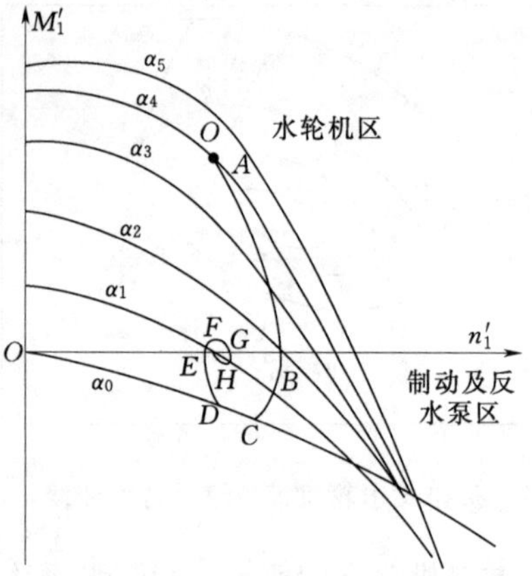

图 3.9　甩负荷后水轮机工况点变化

原则上还可能进入反水泵工况区，即把下游水抽向上游，这在实际的过渡过程中不会发生。对轴流式水轮机，以轴向力向上为反水泵工况，则进入反水泵工况是可能的。导叶全闭时的工况是一种零流量水泵工况。

下面来分析在甩负荷过渡过程中水轮机工况点在该图上的轨迹。甩负荷前水轮机工作在 O 点，甩前开度 α_4，甩负荷后稳定工作点在 H 点。在 O 点甩负荷后，机组转速上升，但一开始导叶不动作，故工况轨迹是沿 $\alpha=\alpha_4$ 的 $M_1'=f(n_1')$ 的一段曲线 OA。在导叶开始关闭后，轨迹就脱离 $\alpha=\alpha_4$ 的曲线。此时导叶关闭，转速还是不断升高，所以工况轨迹线是 AB 段。到一定时刻，水轮机进入逸速工况，此为 B 点。此时 n_1' 大致为最大值，导叶开度比正常空载开度大，$\alpha \approx \alpha_2$。往后水轮机进入制动区，水力矩变为负值，转速下降，但因转速仍高于额定转速，故导叶会继续关至零，这一段轨迹为 BC。在 C 点水轮机进入零流量工况。此后在一段时间内导叶处于全关状态，机组转速不断下降，轨迹便是 $\alpha=0$ 的一段 $M_1'=f(n_1')$ 曲线 CD。在 D 点以后，导叶重新开启，水轮机转速继续下降，轨迹为 DE 段。以后导叶开度较大时，水轮机又从制动区经空载工况进入水轮机工况区。此后一段时间，可能沿 E、F、G、H 最终进入空载工况。所以总的轨迹线便是 OABCDEFGH。在进行甩负荷过渡过程计算时，若仅仅需要得出最大转速升高，可只计算到 B 点。若想了解此后压力升高的情况，便要计算到 C 点，若还要知道以后调压井水位变化和调速系统的稳定问题，便需要计算到 H 点为止。

由此可见，仅仅知道高效率区附近及空载工况点是远远不够的，必须要有各种开度直至零开度在 n_1' 值较大范围内的特性（包括制动区的特性），通常称为全特性。这给电站过渡过程计算带来一定的困难和误差，通常需要在综合特性曲线与飞逸特性曲线的基础上对小开度延长使用。

图 3.10 和图 3.11 分别为某水电站过渡过程计算的水轮机蜗壳压力升高曲线和机组转速升高曲线。

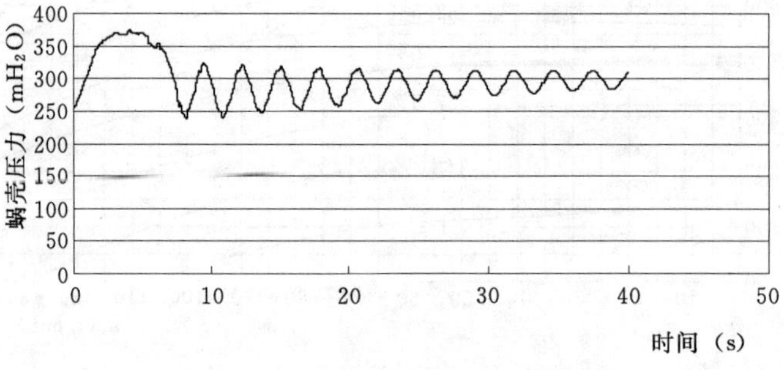

图 3.10　某水电站过渡过程计算的水轮机蜗壳压力升高曲线

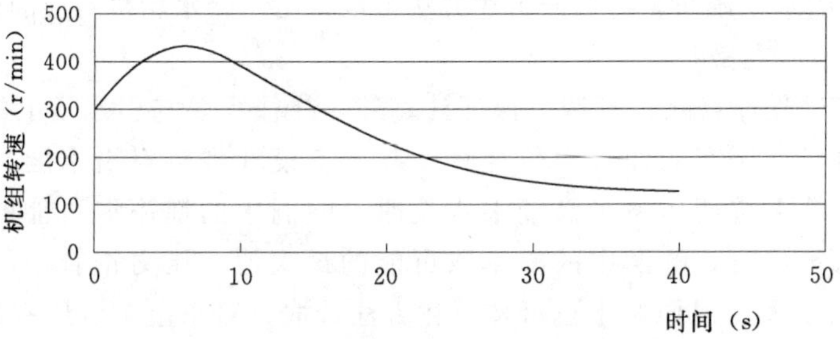

图 3.11　某水电站过渡过程计算的机组转速升高曲线

对于冲击式水轮机，管道出口为喷嘴，从水力学可知

$$Q_0 = \mu A_0 \sqrt{2gH_0} \tag{3.19}$$

式中：μ 为流量系数；A 为孔口面积；下标“0”表示初始恒定流状态。

假定孔口出流公式对于非恒定流同样适用，并且流量系数不变，则有

$$Q_P = \mu A_P \sqrt{2gH_P} \tag{3.20}$$

合并式（3.19）和式（3.20）可得

$$Q_P = \frac{Q_0 \tau}{\sqrt{H_0}} \sqrt{H_P} \tag{3.21}$$

式中：$\tau = A_P / A_0$，τ 与时间的关系应预先确定。

结合管道的负特征方程，即可求解出冲击式水轮机节点处的压力和流量。

5. *尾水出口河道边界*

考虑尾水出口局部水头损失时，下游出口河道边界方程为

$$H_P = H_R - (1 + K_2)/(2gA^2)Q_P^2$$

$$C^+ : H_P = C_{PS} - B_S Q_P$$

式中：K_2 为出口损失系数；由上述方程可求解尾水出口节点的压力和流量。

水电站调节保证计算采用电算法时，对机组甩负荷前的初始工况也可以由计算机迭代计算完成。根据水轮机出力计算公式

$$N = 9.81HQ\eta \tag{3.22}$$

式中：H 为水头，是流量 Q 的函数，等于上下游水位差扣除所有引水道中的水头损失，可表示为

$$H = \nabla_{上} - \nabla_{下} - \left(\lambda_1 \frac{L_1}{d_1} + \lambda_2 \frac{L_2}{d_2} + \sum \zeta_1\right) \frac{Q^2}{2gA^2} \tag{3.23}$$

计算时先假定水轮机的效率，在已知水轮机出力的前提下，由式（3.22）可以求出水轮机的引用流量，由式（3.23）计算出水轮机的工作水头，通过单位转速和单位流量查水轮机模型综合特性曲线，得出第一次计算的水轮机效率，检查该效率是否与先前假定的效率相等，如果不相等，将查出的效率代入再进行计算，直至效率与前一次给定的效率相等为止，或者控制效率误差小于某个数值停止迭代，这个计算过程和效率检查过程完全由计算机插值完成，方便、迅速，并且计算得出的机组初始运行工况十分准确。对于多台机组

的水电站，根据引水系统布置，仿照上述方法可以得出每台水轮机对应的引用流量、工作水头、导叶开度、运行效率等。

水电站过渡过程计算除进行调节保证计算外，往往需要与引水道上的调压室水力计算共同进行，对于调压室的涌浪水位计算，调压室设计规范对引水隧洞的糙率选取有明确的规定，计算上游调压室最高涌浪水位时，隧洞中的糙率取可能的最小值；计算上游调压室最低水位时，隧洞中的糙率取可能的最大值。压力钢管中的糙率对调压室水位波动的影响不大，但原则上也可按下述方法选取：对于上游调压室最高水位和下游调压室最低水位，压力钢管中的糙率取最大值，反之取最小值。引水隧洞和压力钢管的糙率不同，电站机组相同出力时，水轮机的工作水头和流量将有所不同，因此对于电站调节保证计算而言，引水隧洞和压力钢管的糙率应取平均值为宜，基本计算条件可以参考表 3.4 所列选择。

水电站调节保证计算是水电站过渡过程计算的重要内容之一，有关调节保证计算的程序编写和调试以及小波动稳定性分析等内容可以参考相关资料。

表 3.4　　水电站过渡过程计算的条件

计算项目＼计算条件			负荷	水位		水头	糙率	
				上游	下游		隧洞	管道
调压室水位	上游调压室	最高	最大甩荷	最高			最小	最大
		最低	最大甩荷	最低			最小	最小
			最大增荷	最低			最大	最小
	下游调压室	最高	最大甩荷		最高		最小	最小
			最大增荷		最高		最大	最小
		最低	最大甩荷		最低		最小	最大
水锤压力	引水道	最大	最大甩荷	相应最高水位		设计水头		
						最大水头		
		最小	最大增荷	相应最低水位		设计水头		
						最小水头		
	尾水道	最小	最大甩荷		相应最低水位	设计水头		
						最小水头		
最大转速升高			最大甩荷			设计水头		

3.3　调节设备的选择设计

水轮机调速器是水电站水轮发电机组的重要组成设备，它与电站二次回路或计算机监控系统相配合，完成水轮发电机组的开机、停机、增减负荷、紧急停机等任务，水轮机调速器还可以与其他装置一起完成自动发电控制、成组控制、按水位调节等任务。就水轮机调速器而言，尽管种类繁多，结构迥异，但其组成部分总可以分为测量部分、信号综合部分、液压放大部分、执行部分、反馈部分等。电力系统负荷的不确定性变化会导致系统频率的变化，水轮机调节的任务就是根据被调节参数（转速或频率）的偏差，调节水轮机的导水机构，维持水轮发电机组有功功率与负荷功率的平衡，从而维持机组转速（或频率）在规定的范围内，因此对水轮机调速器要求运行稳定，动作灵敏。

水轮机调速器和其被控制的对象共同构成了水轮机调节系统，这里的被控制对象不仅包含水轮发电机组本身，还应包含电站的引水管路系统以及引水道上的建筑物。因水轮机调节系统控制对象的复杂性，与其他动力机械的调节系统比较而言，水轮机调节系统相对复杂，工作更不容易稳定，对一些有特殊要求的电站引水系统布置，可能会对水轮机调速器的选择有特殊的要求。现代水轮机调速器的发展日新月异，特别是微机调速器得到了普遍使用，但是调速器中的机械液压操作元件是必不可少的设备，水电站设计时，需要进行接力器工作容量的计算选择并对油压装置进行计算选择。

3.3.1　调速器的工作容量选择

水电站中、小型调速器的选择内容主要是接力器工作容量计算；大型调速器的选择内容主要是主配压阀直径选取。

计算和选择调速器工作容量时，应留有适当裕量，以保证接力器可靠地工作，关机时间应能满足调节保证计算的要求。

1. 中、小型调速器接力器工作容量的计算选择

中、小型反击式水轮机所需要的接力器工作容量 A 可按式（3.24）进行计算，即

$$A = (22 \sim 28)Q\sqrt{H_{max}D_1} \tag{3.24}$$

式中：Q 为最大水头下机组发出额定出力时的流量，m^3/s；H_{max} 为最大水头，m；D_1 为水轮机转轮直径，m。

冲击式水轮机所需要的接力器工作容量 A 按照式（3.25）估算，即

$$A = Z_0\left(d_j + \frac{d_0^3 H_{max}}{6000}\right) \tag{3.25}$$

式中：Z_0 为喷嘴数；d_0 为额定流量时的射流直径，cm。

2. 大型调速器的计算选择

（1）初选主配压阀直径 d（cm）可按式（3.26）计算，即

$$d = \sqrt{\frac{4V}{\pi v T_s}} \tag{3.26}$$

式中：V 为导水机构接力器总容积，m^3；v 为管路中油的流速，m/s，当油压装置额定工作压力为 2.5×10^6Pa 时，一般取 $v \leqslant 4\sim5$m/s；T_s 为接力器关闭时间，s。

按计算结果选取与主配压阀直径系列相近而又比计算值略偏大的主配压阀直径。

（2）导叶接力器的容积计算。当油压装置的额定油压是 2.5×10^6Pa 时，采用标准导水机构且用两个单缸接力器操作时，每个接力器直径 d_c（m）可近似按式（3.27）计算，即

$$d_c = \lambda D_1\sqrt{\frac{b_0}{D_1}H_{max}} \tag{3.27}$$

式中：λ 为计算系数，按表 3.5 查询；b_0 为导叶高度。

表 3.5　　计算系数 λ 的值

导叶数 Z_0	16	24	32
标准正曲率导叶	0.031～0.034	0.029～0.032	
标准对称导叶	0.029～0.032	0.027～0.030	0.027～0.030

根据式（3.27）计算得到 d_c 值，选取相近的且比计算值略偏大的接力器系列直径。

导叶接力器直径（mm）系列为 250、300、350、400、450、500、600、650、700、750、800、850、900、950、1000。

若油压装置的额定油压是 4.0×10^6 Pa，则接力器直径 d'_c(m) 为

$$d'_c = d_c\sqrt{1.05\times\frac{25}{4\times10}} \tag{3.28}$$

接力器最大行程按照式（3.29）估算，即

$$S_{max} = (1.4-1.8)a_{0max} \tag{3.29}$$

式中：a_{0max}为导叶最大开度，mm，转轮直径小于 5m 时，取较小的系数。

双直缸接力器总容积 V_c（m^3）为

$$V_c = \frac{\pi d_c^2}{2}S_{max} \tag{3.30}$$

（3）转轮桨叶接力器容积计算。转轮桨叶接力器直径 d_Z 按式（3.31）计算，即

$$d_Z = (0.3-0.45)D_1\sqrt{\frac{25}{p}} \tag{3.31}$$

式中：p 为调速器额定油压，10^5 Pa。

转轮桨叶接力器最大行程 S_{Zmax}（m）为

$$S_{Zmax} = (0.036-0.072)D_1 \tag{3.32}$$

转轮直径大于 5m 时，系数采用较小值。

转轮桨叶接力器容积 V_Z（m^3）为

$$V_Z = \frac{\pi d_Z^2}{4}S_{Zmax} \tag{3.33}$$

3.3.2　油压装置选择

油压装置的选择主要是压力油罐容积计算。

油压装置压力油罐容积 V_0（m^3）可近似按照式（3.34）计算，即

$$V_0 = (18-20)V_c + (4-5)V_Z + 3V_f + (9-10)V_x \tag{3.34}$$

式中：V_c 为导叶接力器总容积，m^3；V_Z 为转轮桨叶接力器总容积，m^3；V_f 为水轮机主阀接力器总容积，m^3；V_x 为调压阀接力器总容积，m^3。

根据式（3.34）计算得到 V_0 值，按系列容积选取相近且比计算值略偏大的系列容积。油压装置系列容积参见有关的设计手册。

第4章

水力机组辅助设备设计

4.1 压缩空气系统

压缩空气能储备压能，且压力稳定，使用方便，因此在水电厂得到广泛应用。水电厂压缩空气系统的设计，应满足下列用气项目的需要：

(1) 水轮机调节系统及进水阀操作系统的油压装置用气。

(2) 机组停机时制动用气。

(3) 机组调相运行时转轮室充气压水及补气。

(4) 维护检修及吹扫清污用气。

(5) 水轮机主轴密封及进水阀空气围带用气。

(6) 机组轴承气封、发电机封闭母线微正压用气。

(7) 水轮机尾水管强迫补气用气。

(8) 灯泡贯流式机组发电机舱密闭增压散热用气。

(9) 水泵水轮机压水调相和水泵充气压水启动用气。

(10) 配电装置和发电机空气断路器用气。

(11) 在寒冷地区闸门、拦污栅等处防冻吹水用气。

压缩空气系统的组成包括空气压缩机和储气罐及附属设备（有时统称空气压缩装置）、供气管网、测量及控制元件、用气设备，其任务是随时满足用气设备对供气量、供气气压、清洁度和相对湿度等的要求。以往水电厂的压缩空气系统按其最高工作压力，只分为高压、低压两个等级，即低压压缩空气系统和高压压缩空气系统。随着大容量、高水头机组和水泵水轮机的投入运行，新规定将其划分为3个等级：10MPa以上为高压；1.0～10MPa为中压；1.0MPa以下为低压。

设计压缩空气系统时，应按照压缩空气用户所需的工作压力、供气质量和所处的位置，对某用户单独设置供气系统或对若干用户建立综合供气系统；并通过方案充分比较，使其运行可靠，技术先进，经济合理；在保证主机等设备的正常运行及操作需要条件下，尽量使压缩空气系统简化。

4.1.1 机组制动用气

机组停机时，若不采取任何制动措施，由于惯性很大，机组需要很长时间才能完全停下来。机组较长时间处于低速运转状态，将导致推力轴承的轴瓦处于干摩擦或半干摩擦状态，致使轴瓦磨损，严重时会出现烧瓦。因此，要采取强迫制动措施，缩短机组的停机时间。目前强迫制动措施有风闸制动、水力制动和电气制动等。反击式水轮发电机组一般采用风闸（制动闸）进行制动。机组制动供气就是为制动闸提供压缩空气。

机组制动用气的额定气压为 0.7MPa，可由厂内低压气系统供给，或设置单独的供气系统。前一种情况，应具有备用气源；后一种情况，应设两台空气压缩机，其中一台工作，另一台备用。机组制动供气应设置制动专用储气罐及专用供气管道。

4.1.1.1　机组制动供气的操作设计要求

1. 制动操作

机组在停机过程中，当转速下降到额定转速的 35%时，压缩空气进入制动闸下腔，向上顶起制动闸板，与发电机转子底面的制动环摩擦，对机组进行机械制动。经过一定的时限后，机组停止转动，制动闸复归，制动闸板在重力作用下落下，为下一次开机做好准备。

实际运行中，由于制动闸发生卡涩或变形，制动闸板在重力作用下无法落下，影响开机。近几年设计的大、中型水电站在制动供气管路中增设制动闸复归电磁阀，当制动闸需要复归时，制动闸下腔排气，同时向上腔提供压气，迫使制动闸板下落。

制动操作要求有自动和手动两种操作方式。自动操作时，应在给气管道上装设自动给、排气的电磁空气阀；制动闸的状态要有信号装置监视，一般在制动给气管道上装设监测管内气压用的压力信号器以及压力表，在制动闸处装设位置开关监测制动闸板的位置状态，而且压力信号器和位置开关的信号作为开机条件之一。为避免排气时在主机室内产生噪声和排出油污，制动闸内的低压气要经过排气管排到厂外或地下室。

2. 顶起转子

当机组较长时间停机后，需要开机时，利用高压油泵，将高压油打到制动闸内，使发电机转子抬高 10～20mm。开机前放出制动闸中的油，排至回油箱，制动闸与环管中的残油可用低压气吹出。

机组制动管道，同时也供顶转子时充高压油用的管段须采用耐高压的无缝钢管，以确保安全。

4.1.1.2　设备选择计算

1. 制动耗气量

机组制动耗气量取决于发电机所需的制动力矩，由电机制造厂提供，也可按式（4.1）计算，即

$$Q_z = \frac{q_z t_z P_z \times 60}{1000 P_a} \quad (\mathrm{m^3}) \tag{4.1}$$

式中：q_z 为制动过程耗气流量，1/s；t_z 为制动时间，由电机厂提供，一般为 2min；P_z 为制动气压（绝对压力），一般可取 7×10^5Pa；P_a 为大气压力，对海拔高程 900m 以下可取 10^5Pa。

2. 储气罐容积

机组制动用气主要由储气罐供给，储气罐总容积应按同时制动的机组总耗气量及允许

的最低制动压力值确定。即储气罐的总容积应保证在空压机不启动，可能同时制动机组制动总耗气后，罐内气压保持在最低制动气压以上。储气罐总容积按式（4.2）计算，即

$$V_g = \frac{Q_z Z P_a}{\Delta P_z} \quad (m^3) \tag{4.2}$$

式中：Q_z 为一台机组制动耗气量；m^3；Z 为同时制动机组的台数，与水电厂电气主接线有关；ΔP_z 为制动前后储气罐允许压力降，一般取（1～2）$\times 10^5$Pa。

当机组台数多，如在5～6台及以上，空气压缩装置又布置在厂房一端时，或供气管道长达200m左右时，如供气管道的输气能力不能满足远离气源的机组制动供气要求，为了稳压和减少气压损失，在远离气源的机组段应设置制动储气罐。

3. 空气压缩机生产率

空气压缩机生产率（空压机容量）应按可能同时制动的机组总耗气量和恢复储气罐工作压力的时间确定，计算公式为

$$Q_K = \frac{Q_z Z}{\Delta T} \quad (m^3/min) \tag{4.3}$$

式中：ΔT 为储气罐恢复压力时间，一般取10～15min。

如果专为机组制动用气设置一个单独的供气系统，应设两台空气压缩机，一台工作，另一台备用。

4. 供气管道选择

通常按经验选取，供气干管 ϕ20～100mm，环管 ϕ15～32mm，支管 ϕ15mm。

4.1.2 机组调相压水用气

当机组作调相运行时，通常利用压缩空气把水轮机转轮室的水面压至转轮以下一定位置，以减小调相运行时的有功功率损耗。因此，有调相任务的水电厂要设置调相压水供气系统。

中、小型机组调相压水用气的额定气压一般为0.7MPa，可由厂内低压气系统供给。大型机组压水调相耗气量较大，为减小储气罐体积，国内已开始使用4～6MPa的中压压缩空气系统。水泵水轮机的淹没深度较大，压水操作所需空气量较大，储气罐的工作压力一般为3～8MPa。

1. 机组调相压水供气系统的设计要求

（1）认真分析给气压水的影响因素。水电厂的调相给气压水并不是只要把压缩空气充到转轮室内总能把水面压到转轮以下的。影响给气压水效果的因素有给气压力、给气流量、给气位置、导叶漏水、下游尾水位和机组转速等，设计时必须认真分析。

（2）调相压水过程一般均自动控制。机组切换到调相工况运行时，由电磁阀或电磁液压阀控制气源，使转轮脱水运行。由于转轮室漏气，压缩空气逐渐减少，转轮室水位逐渐回升，到一定高度后，由自动控制元件操作补气阀补气；待水位重新压到预定高度后，自动终止补气。

（3）控制补气的元件有电极水位计、浮子水位计、差压继电器、功率继电器及接点压力表等多种，目前使用较多的是电极水位计及功率继电器。

(4) 调相压水用气由全厂性供气干管供给，然后分支管通入机组。如转轮室漏气量较大，可设置一根管径较小的旁通管，用电磁阀控制，经常补偿漏气损耗。

(5) 转桨式水轮机转为调相工况时，应将叶片角度关至最小位置，以减少有功损耗。

2. 设备选择计算

(1) 充气容积的计算。充气容积包括转轮室空间、尾水管部分容积，以及可能与两部分空间连通的管道、腔体。

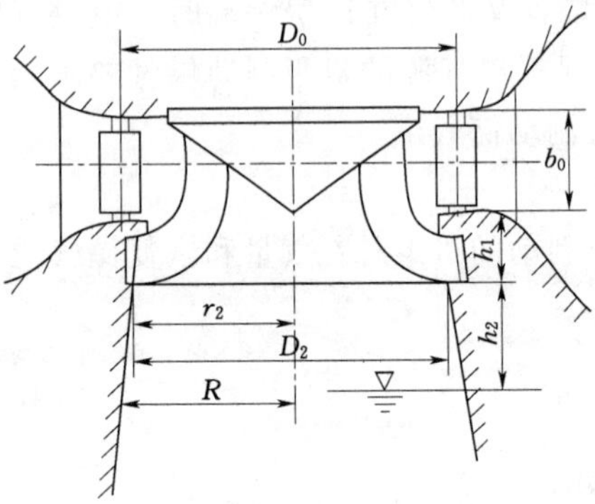

图4.1　混流式水轮机充气容积

以混流式机组为例，如图4.1所示，各部分的充气容积可分别计算如下：导叶部分 $V_1=\frac{\pi}{4}D_0^2b_0$，底环部分 $V_2=\frac{\pi}{4}D_2^2h_1$，锥管部分 $V_3=\frac{\pi}{3}h_2(R^2+r_2^2+Rr_2)$，转轮所占容积 $V_4=G/\gamma_{钢}$，总充气容积 $V=V_1+V_2+V_3-V_4$，其中转轮室充气容积 $V_1=V_1+V_2-V_4$。

转轮室的充气压力必须平衡尾水管内外的水压差值。压水至下限水位时，充气压力 P（绝对压力）为

$$P=10^4(\nabla_{尾水}-\nabla_{下限})+P_a \quad (\text{Pa}) \tag{4.4}$$

式中：P_a 为当地大气压力，Pa。

(2) 储气罐容积计算。调相储气罐的总容积，应按一台机组首次压水过程的耗气量和压水后储气罐内的剩余压力值确定。此剩余压力值应比压水至规定的下限水位时尾水管内可能最大压力至少高0.1MPa。尾水管内的可能最大压力，应按照调相运行时可能出现的最高尾水位确定。储气罐容积可按式(4.5)计算，即

$$V_g=\frac{K_tPV}{\eta(P_1-P_2)} \quad (\text{m}^3) \tag{4.5}$$

式中：K_t 为储气罐内压缩空气的绝对温度与转轮室水的绝对温度的比值；V 为调相时水轮机总充气容积，m^3；P_1 为储气罐初始压力，Pa，取额定压力；P_2 为压水后储气罐内的剩余压力，对常规水轮发电机组，一般比压水至规定的下限水位时尾水管内充气压力 P 高 $(0.15\sim0.2)\times10^6$Pa，对抽水蓄能机组，应高 0.3×10^6Pa；η 为压水过程空气利用系数，根据已运行机组的实测值，对混流式水轮机可取0.6～0.9，对轴流式水轮机可取0.7～0.9，水头高、导叶漏水量大，转轮室内气压高时，利用系数取小值。

(3) 空压机生产率计算。空压机的总容量，应按一台机组首次压水后恢复储气罐工作压力并同时补给已经调相运行机组的漏气量确定。空压机生产率可按式(4.6)计算，即

$$Q_k=\frac{K_tPV}{\eta\Delta TP_a}+q_1Z \tag{4.6}$$

$$q_1=0.023D_1^2\sqrt{P_a+\gamma\Delta H}/\sqrt{10^5} \tag{4.7}$$

式中：Q_k 为空压机生产率，m^3/min；q_1 为压水后转轮室漏气量，m^3/min；ΔT 为恢复储气罐压力的时间，min，一般取15～45min，对调相运行机组台数较少或调相运行机会不多的水电厂，可延长到60min；Z 为同时作调相运行的机组台数；D_1 为转轮直径，m；γ

为水的重度，10^4N/m^3；ΔH 为尾水位与转轮室下压水位之差，m。

4.1.3 风动工具、维护检修及其他工业用气

机组、金属结构及其他设备检修时，过去常使用各种风动工具，其额定气压一般为 0.7MPa，现已大都采用电动砂轮等电动工具。

当使用风动工具检修机组时，风动工具和维护检修用气包括水轮机层、发电机层、安装场、水轮机转轮室、机修间、闸门室、渗漏集水井、检修集水井等处的检修和吹扫用气等。

1. 空压机选择计算

空压机容量主要是根据风动工具用气量来确定。风动工具的用气量是持续性的，因此，必须由空压机连续工作来满足，空压机的生产率应满足同时工作的风动工具耗气量，即

$$Q_k = K_1 \sum q_i Z_i P_0 / P_a \quad (m^3/min) \tag{4.8}$$

式中：q_i 为某种风动工具的耗气量，m^3/min；Z_i 为同时工作的风动工具台数；K_1 为漏气系数，根据管网具体情况选取，一般取 $K_1 = 1.2 \sim 1.4$。

对机组容量较小、台数不多的水电厂，只需设置一台小型移动式空压机（带有储气罐），就可以满足风动工具和吹扫用气。

2. 储气罐容积

风动工具和吹扫用气一般由空压机连续工作来满足，储气罐只起稳压作用。应利用调相储气罐兼作，或专设维护检修用气储气罐，储气罐容积按式（4.9）计算，即

$$V_g = \frac{Q_k}{p_k + 1} \quad (m^3) \tag{4.9}$$

式中：p_k 为空压机额定工作压力，10^5Pa。

3. 其他工业用气

（1）当水轮机强迫补气采用压缩空气时，因耗气量大，应根据制造厂提供的资料单独设置压缩空气系统。如龙羊峡水电厂，选用鼓风机为水轮机尾水管强迫补气。

（2）当灯泡贯流式机组发电机舱采用密封增压通风冷却方式时，宜由设置在外部的专用压缩空气系统经过减压后供给，并应能自动补气。如广东的白垢水电厂，发电机舱采用了表压为 0.1MPa 的密封增压通风冷却方式。

（3）发电机封闭母线微正压用气，宜由厂内的压缩空气系统经过减压后供给，并应能自动补气。发电机封闭母线筒内，充气形成微正压，有利于散热和防潮。

4.1.4 空气围带用气

1. 水轮机主轴检修密封充气

水轮机主轴检修密封多采用空气围带止水，耗气量很小，不需设一专用设备，可以从制动供气干管或其他供气干管引用。供气方式有自动和手动操作两种。

2. 蝴蝶阀止水围带用气

蝴蝶阀关闭时利用空气围带止水，耗气量很小，可不予计算，充气压力应比阀门承受的最高水压高出 0.2～0.4MPa。一般不需设置专用空气压缩装置，可利用厂内压气系统

供给。如蝴蝶阀离主厂房较远时，为保证供气压力可在蝴蝶阀室设置一小储气罐，平时不一定充气，在蝴蝶阀正常关闭前充以一定气压的压缩空气。

蝴蝶阀止水围带供气采用自动操作时，应在给气管道上装设自动给、排气的电磁空气阀以及监视用的压力信号器。

4.1.5　油压装置用气

4.1.5.1　油压装置用气的设计要求

1. 油压装置的供气压力

油压装置的压力油罐是水轮机调速系统和机组控制系统的操作能源，压力油罐中有30%～40%的容积是透平油，其余60%～70%为高压气，用高压气和油共同作用形成高压油，推动接力器活塞来改变导叶的开度。此外，油压装置也可用于操作主阀、调压阀、油阀和电磁液压阀等。目前国内生产的调速器油压装置，其额定油压等级可分为2.5MPa、4.0MPa和6.3MPa。

为了保证设备的安全，供气压力必须与油压装置的额定压力相一致。如供气压力过高，会引起设备的损坏；压力过低，调速器会紧急事故停机。此外，要求进入压力油罐的空气必须清洁、干燥，以免在压力油罐中有湿气凝结成水，锈蚀调速器的配压阀和相关元件。

2. 供气方式

供气方式决定了空压机的额定排气压力和供气系统中设备的设置。向油压装置供气的方式有一级压力供气和二级压力供气两种。一级压力供气，其空压机的额定排气压力稍大于压力油罐额定油压。二级压力供气，其空压机的额定排气压力一般为压力油罐额定油压的1.5～2倍，空压机的排气经高压储气罐后，必须再经过减压阀减压和安全阀保护才能供给压力油罐。

二级压力供气能提高压缩空气的干燥度，近几年新设计的大、中型水电厂多采用二级压力供气，小型水电厂为了节省投资仍采用一级压力供气。

3. 油压装置用气的操作

压力油罐安装或检修后，需向压力油罐充气，运行过程中要补充压力油罐中的空气损耗。油压装置补气有手动和自动两种操作。自动操作时，由压力油罐上的油位信号器和压力信号器，共同对补气管道上的电磁空气阀进行控制，实现自动补气。

压力油罐须设置检修排气阀，以便检修时排出罐内压缩空气。在补气管道上一般设置止回阀，保证压力油罐气压不受电磁空气阀等损坏后漏排气的影响。

压力油罐在检修后由低压气系统预充气，可缩短充气时间，但影响供气质量。为避免压力油罐中的湿气凝结，从而锈蚀配压阀和接力器，新规程规定在油压装置安装或检修后，不宜用低压气系统对压力油罐进行预充气。

4.1.5.2　设备选择计算

1. 空压机生产率计算

空压机的总生产率根据压力油槽容积和充气时间按式（4.10）计算，即

$$Q_k = \frac{(P_y - P_a)V_y K_v K_l}{60TP_a} \quad (m^3/min) \tag{4.10}$$

式中：V_y 为压力油槽容积，m^3；P_y 为压力油槽额定绝对压力，Pa；T 为充气时间，一般取 2～4h，大型的取上限；K_v 为压力油槽中空气所占容积的比例系数，一般取 0.6～0.7；K_l 为漏气系数，可取 $K_l=1.2$～1.4。

空压机台数一般选两台，充气时同时工作，故每台生产率为 $Q_k/2$，可参考表 4.1 所列选取。

2. 储气罐容积计算

储气罐的容积可按压力油罐内油面上升 150～200mm 时所需的补气量来确定，即

$$V_g = \frac{P_y \cdot \Delta V_y}{P_1 - P_y} \quad (m^3) \tag{4.11}$$

式中：P_1 为储气罐允许压力，Pa；ΔV_y 为由于油面上升后需要补气的容积，m^3，$\Delta V_y = 0.785D^2\Delta h$；$D$ 为压油槽内径，m；Δh 为油面上升高度，取 0.15～0.20m；P_y 为额定压力，Pa。

根据油压装置型号、供气方式和厂房布置条件，可参考表 4.1 选取储气罐的容积和数量。

表 4.1　各种型号油压装置（$P_y=2.5\times10^6$ Pa）设备选择参考表

油压装置型号	压力油槽空气容积（m^3）	空压机型号	空压机台数	充气时间（h）	储气罐容积（m^3）
YZ—1	0.65	CZ—20/30	1～2	0.8	1～1.5
YZ—1.6	1.0	CZ—20/30	1～2	1.25	
YZ—2.5	1.6	CZ—20/30	2	1	
YZ—4	2.6	V—1/40	2	0.55	1.5～3.0
YZ—6	4.1	V—1/40	2	0.85	
YZ—8	5.2	V—1/40	2	1.08	
YZ—10	6.5	V—1/40	2	1.35	
YZ—12.5	8.0	V—1/40	2	1.65	
YZ—16	10.0	V—1/40	2	2.08	
YZ—20	13.0	V—1/40	2	2.7	

3. 管道选择

一般按经验选取。对干管，根据压力油槽容积来选，当 $V_y \leqslant 12.5m^3$ 时，选用 ϕ32mm×2.5mm 无缝钢管；当 $V_y \geqslant 16m^3$ 时，选用 ϕ44.5mm×2.5mm 无缝钢管。对支管，管径决定于压力油槽的接头尺寸。

4.1.6 综合压缩空气系统设计

水电厂压缩空气系统的供气对象绝大部分在厂房内，有的工作压力相同，将它们组成综合压缩空气系统有许多优越性。首先在经济上较合理，可减小压气设备总容量，节省投

资；其次，在技术上较可靠，可互为备用，提高气源可靠性；第三，设备布置集中，便于运行维护。因此，在设计水电厂的压缩空气系统时，应首先考虑对各用户建立综合供气系统的合理性。

配电装置供气的用户主要是空气断路器以及气动操作的隔离开关，供气系统通常单独设置，其设备布置在厂房外，本设计可暂不考虑。

1. 综合压缩空气系统图的设计要求

（1）低压气系统的各用户，可综合考虑选配一套共用空压机装置，空压机不少于两台，平时互为备用。

（2）制动供气和调相供气应有各自的储气罐和供气干管，水轮机主轴检修密封用气可从制动干管引取，工业用气从调相干管引取。

（3）制动储气罐经止回阀与调相储气罐连接，保证制动气压不受机组调相影响。

（4）在空压机与储气罐之间的管路上设置气水分离器，用来聚集油污和水分。

2. 压缩空气装置的自动操作及保护

（1）在储气罐或供气总干管上应装设一组压力信号器，以实现空压机的启动、停机以及压力过高、过低报警等，而且高、低压气系统各设置一组。

（2）空压机出口要装设温度继电器，监视空压机的排气温度，如排气温度过高，自动停机并发出信号。

（3）在空压机出口处的气水分离器排污管上装设电磁阀，空压机启动时延时关闭，使其无负荷启动；空压机停机时打开，起卸荷作用，气水分离器自动排污。

（4）储气罐上应装设安全阀、压力表和排污阀。

3. 压缩空气系统图的绘制

压缩空气系统通常绘制在一张图上，管线连接要简单明了，图中要标明管道的直径、空压机的型号、用气设备名称等。

4.2　技术供、排水系统

4.2.1　技术供水系统

水电厂的技术供水又称生产供水，其主要作用是对运行设备进行冷却、润滑和水压操作。供水内容有为发电机的空气冷却器、推力轴承及导轴承冷却器、水冷式变压器的冷却器、水冷式空压机的冷却器等提供冷却水；为水内冷发电机组提供二次冷却水；为水轮机的橡胶导轴承、水轮机主轴和止漏环密封提供润滑冷却水；为深井泵轴承提供润滑水等。

技术供水系统由水源、水的净化设备、供水泵（水泵供水时）、管网和控制阀件、供水的监视和保护、用水设备等组成。由于各种用水设备对水量、水温、水压及水质等都有其相应的要求，因此，必须根据这些要求并结合电站的具体条件设计技术供水系统。

4.2.1.1　设备用水量计算

设备用水量由制造厂提供，在初步设计阶段，未能获得制造厂资料时，可按投入运行的水头和容量相近的设备用水量初定；也可按经验公式或统计曲线初步估算。

1. 水轮发电机空气冷却器的用水量

发电机运行时产生的电磁损耗及轴承以外的机械损耗都转变为热量，这些热量通过空气传给空气冷却器中的冷却水并带走。因此，空气冷却器的用水量应按发电机带最大负荷连续运行时所产生的最大热量为设计条件，根据热平衡方程来确定。初步设计时，可按式（4.12）估算

$$Q_k = 8.5N_{f0}\left(\frac{1-\eta_f}{0.025}\right)\times 10^{-3} \tag{4.12}$$

式中：Q_k 为空气冷却器用水量，m^3；N_{f0} 为发电机额定功率，kW；η_f 为发电机效率。

2. 推力轴承冷却器用水量

轴承中的热量是由机械摩擦引起的，并被冷却水带走。推力轴承油冷却器用水量与推力轴承所承受的总荷重 t 和机组转速 n（r/min）的乘积成正比。在初步设计时可按每吨·转/分耗水为 0.75L/h 估算。

3. 发电机导轴承冷却器用水量

发电机导轴承由于负荷较轻，冷却器用水量不大，一般按推力轴承用水量的 10%～20%考虑。

4. 水轮机导轴承冷却器用水量

水轮机导轴承有油润滑和水润滑两种润滑方式，油润滑水轮机导轴承的冷却器用水量可按推力轴承用水量的 10%～20%考虑。水润滑的水轮机导轴承，其橡胶轴瓦（或尼龙轴瓦）靠水润滑和冷却，用水量初步估算时，可由图 4.2 所示曲线查取，再乘以 1.5 倍安全系数。

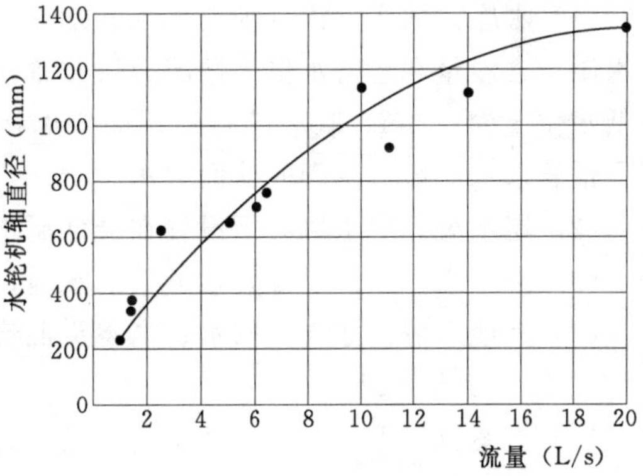

图 4.2　水轮机橡胶轴承润滑与冷却用水量

5. 水冷式变压器冷却器用水量

初步设计时，可按变压器的视在容量每千伏安耗水 1L/h 估算。

6. 水冷式空压机冷却用水量

一般按空压机生产率每 $1m^3/min$ 所需冷却水量为 $0.3m^3/h$ 估算。

4.2.1.2　用水设备对水温、水压和水质的要求

1. 水温

冷却器进口水温按 25℃设计，如超过 25℃，应向制造厂提出要求；如长年低于 25℃，可按经验曲线折减冷却水量。

2. 水压

进入冷却器的冷却水，应有一定的压力，以保证必要的流速和需要的水量。冷却器进口水压宜采用 0.15～0.3MPa，如要求加大工作压力，需向制造厂提出要求。

水冷式变压器进水最高压力，应按变压器油冷却器内油压高于水压确定。因为水管破裂或热交换器破裂时，会使油水渗和，这有很大的危险。制造厂要求，进口处水压不得超过（0.5～0.8）$\times 10^5$Pa；对强迫油循环体外冷却装置，油压必须大于水压（0.7～1.5）

$\times 10^5$Pa，这样就可以保证即使冷却水管破裂，也只能允许油进入水中，而水不能进入油中。当水冷式变压器进口水压较高时，应采用减压措施，并设置安全阀，以确保安全，不少水电厂采用溢流管方式以策安全。

水冷式空压机的水压可不限于 $20mH_2O$，可以略微加大，以不超过 $30mH_2O$ 为限。

在水源供水压力确定的情况下，技术供水系统的水压由管路系统水力压降、冷却器的水力压降和管路出口背压（尾水反压）3 部分决定。

3. 水质

水质问题主要是泥沙问题，规程规定冷却水源水质中应尽量不含有漂浮物，悬浮物颗粒粒径宜小于 0.15mm，粒径在 0.025mm 以上的泥沙含量应小于总含沙量的 5%，总含沙量宜小于 $5kg/m^3$。冷却水源存在水生物时，应考虑相应的措施。此外，冷却水的碳酸盐硬度、pH 值等必须符合设计规程要求。

4.2.1.3　水源及供水方式的确定

1. 水源及供水方式

技术供水的水源要求取水可靠、水量充足、水温适当并力求水质较好，引水管路简单且操作、维护、检修方便。技术供水的水源有以下几种。

（1）水库。取水方式分坝前取水和蜗壳（或压力钢管）取水两种。坝前取水口应按水库水温、含沙量和运行水位等情况分层布置，水库最低水位以下的取水口，其顶部应低于最低水位至少 0.5m。取水口高程还应考虑初期发电的要求，夏季水温高时可取深层水。压力钢管取水一般从主阀的前面取水。

（2）尾水渠。取水口必须设置在最低尾水位以下至少 0.5m。

（3）地下水。一般要设置足够大的水池，起集中、储备、稳流和澄清作用。

（4）其他水源。如支流取水、高水头混流式机组的顶盖取水等。

2. 供水方式

供水方案有以下几种可供选择，应做方案比较后选定。

（1）自流供水（包括自流减压供水）：分单元自流供水和集中自流供水两种。

（2）水泵供水（包括射流泵供水）：分单元供水、分组供水和集中供水 3 种供水方式。

（3）水泵和自流混合供水。

（4）水泵加中间水池的供水。

（5）自流加中间水池的供水。

（6）顶盖取水供水。

供水方式主要取决于水电厂的工作水头，水头在 15～80m 的水电站，一般采用自流供水方式；水头小于 15m 时，宜采用水泵供水方式；水头在 70～120m 时，宜采用自流减压或射流泵以及顶盖取水的供水方式。水头大于 100m，选用供水方式时应进行经济比较；一般优先考虑水泵供水、射流泵供水或水轮机顶盖取水供水方式。由于射流泵具有结构简单、运行可靠、维修方便、成本低等特点，已逐步推广使用，龙羊峡水电厂、东江水电厂等均采用射流泵供水方式。

水电厂水头变化范围较大，单一的供水方式不能满足水压力和水量的要求，或不经济时可采用水泵和自流、自流和自流减压等两种方式结合的供水方案。水库水位变化较大，不易得到稳定的供水压力，或水源水量不稳定等情况，可考虑采用中间水池的供水方式。

4.2.1.4 供水设备选择

1. 供水泵

水泵供水时，水泵是技术供水系统的重要设备，其选型设计要引起重视。选泵的主要依据是所需要的流量、扬程及其变化值。水泵的最小工作流量不少于总用水量的105%～110%。水泵供水的总扬程，应按通过最大技术流量时，仍能保证最远、最高用水设备所需的压力和克服管道中阻力来考虑。

由下游尾水取水时，水泵总扬程 $H_{泵}$ 按式（4.13）计算，即

$$H_{泵}=(\nabla_{冷}-\nabla_{尾})+H_{冷}+h_{w}+\frac{v^2}{2g}\quad(mH_2O) \tag{4.13}$$

式中：$\nabla_{冷}$ 为最高冷却器进水管管口标高，m；$\nabla_{尾}$ 为下游最低尾水位，m；$H_{冷}$ 为冷却器的进口水压，mH_2O；h_w 为到最高冷却器进口的管道水力损失，mH_2O；$\frac{v^2}{2g}$ 为管路流速水头，mH_2O。

当选用离心泵时，离心泵的几何安装高度应满足空蚀余量或允许吸上真空高度的要求。卧式离心泵的几何安装高度等于叶轮轴线的高程和进水最低水位之差。

离心泵的吸上真空高度 H_K

$$H_K=H_A+h_{w吸}+\frac{v_{吸}^2}{2g}\quad(mH_2O) \tag{4.14}$$

式中：H_A 为离心泵的几何安装高度，m；$h_{w吸}$ 为吸水管路水力损失，mH_2O；$v_{吸}$ 为水泵吸水口流速水头，mH_2O。

为防止水泵发生空蚀，必须使水泵的吸上真空高度小于允许吸上真空高度，水泵的几何安装高度应限制为

$$H_A\leqslant[H_K]-h_{w吸}-\frac{v_{吸}^2}{2g} \tag{4.15}$$

式中：$[H_K]$ 为允许吸上真空高度，mH_2O，可在水泵产品样本中查出。

水泵台数的确定，对单元供水方式，每单元可设1～2台工作水泵，一台备用水泵。当采用水泵集中供水系统时，工作水泵的配置数量，对大型水电厂一般为机组台数的倍数（包括1倍），对中型水电厂不少于两台；备用水泵台数可为工作水泵台数的1/2～1/3，但不少于1台。

离心泵启动前，叶轮室必须充满水才能抽上水。当离心泵吸出高度为正时，如吸水管带有底阀，可在水泵上部注水启动，无底阀，可用抽真空设备（真空泵或射流泵）在水泵的顶部抽真空引水启动。

2. 滤水器

滤水器是清除水中悬浮物的主要设备，分固定式和旋转式两种。旋转式滤水器可在线清污，无需备用；当过水量大于1000m^3/h时，为使滤水器尺寸不致过大，可选两个。固定式滤水器一般选两个，互为备用，也可在一个滤水器前后设置带隔离阀的旁路管作为备用通路。

水轮机橡胶导轴承和主轴密封用水对水质要求较高，其主、备用供水都应选高精度的滤水器。

3. 管道

技术供水系统管道通常采用钢管，它能承受较大内压和动荷，施工连接简单。水轮机导轴承润滑水管道，滤水器以后的管段应采用镀锌钢管，防止铁锈进入水导轴承。

管道直径按经济流速确定，计算公式为

$$d=\sqrt{\frac{4Q}{\pi v}}\quad (\mathrm{m}) \tag{4.16}$$

式中：Q 为管道内的最大计算流量，$\mathrm{m^3/s}$；v 为管道内的经济流速，m/s，建议在 1.0～3.0m/s 中选取，当有防止水生物要求或防泥沙淤积时，可适当加大流速至 3～7m/s。

4.2.1.5　技术供水系统图的绘制

1. 技术供水系统图的设计要求

(1) 技术供水系统管网组成应简单、可靠，便于运行和维护。

(2) 取水至少应有两路。从上游取水时，通常在本机蜗壳或压力管道引水作主供水，从坝前引水作备用供水；也可将几台机组的主供水管连接起来互为备用。当主供水出故障时，备用供水能及时投入。

(3) 取水口应设置拦污栅（网），并附有吹气清污的管接头，或采取其他清污措施。设在蜗壳进水口或压力钢管上的取水口，不应放在流道的底部和顶部，以防泥沙淤积和漂浮物堵塞。从受应力角度看，宜在上、下 45°角线较好。

(4) 贯穿全厂的供水总管应设分段隔离阀，以利安全并便于检修和维护，一般每台或两台机组设一个。总供水管路应设有压力和温度监测仪表。

(5) 每台机组的主供水管上应装设自动操作的工作阀门，并应装设手动旁路切换检修阀门。机组开机时工作阀门打开供水，停机时工作阀门关闭，以节约水能。另外考虑到管路系统空管充水易产生水击现象问题，规定要有防止措施。这些措施包括抬高排水管出口高程，和选用缓开启的供水控制阀，以达到慢速向管路充满水后再全开启供水控制阀。

(6) 机组主供水管路上应装设滤水器，滤水器应装设冲污排水管路，冲污水排至下游尾水，如有困难且排污水量不大时，可排至集水井。滤水器前后一般要配置压差监测信号。

(7) 机组各冷却器的进、出水管口附近均应设有阀门及压力表（或表座），当出水管有可能出现负压时，则设压力真空表，以便调节水压和分配水量。各冷却器的排水管上宜设置示流信号器。

(8) 水轮机橡胶导轴承润滑冷却水、主轴密封润滑冷却水以及推力轴承水冷瓦的冷却水应有可靠备用水源，进水管路应装设示流信号器和压力表，备用供水应能自动投入。

(9) 发电机冷却器排水，应排至下游尾水渠或尾水管，排水管末端一般不设阀门，以防误关闭造成事故，但有时为了调节排水管真空度或尾水位较高必须设置时，方可装设，并应调节到需要的开度，且有防止误操作的措施。

(10) 对装有自动减压阀、顶盖取水或射流泵的供水系统，在减压阀、顶盖取水或射流泵后应装设安全阀或其他排至下游的安全泄水设施，以保证用水设备的安全。可能过压时，应能自动发出压力过高、过低信号。

(11) 对含沙量较大或有防止水生物要求的供水系统，为使泥沙或水生物不易存积，冷却器管路宜设计成正、反向运行方式。管路上选用的示流信号器亦应为双向工作式。

（12）采用水泵供水方式时，为防止停泵后技术供水回流，管路上应装有止回阀和闸阀，水泵吸水管侧和出水管侧应分别装有真空表和压力表。

2. 技术供水系统图的绘制

技术供水系统通常单独绘制在一张图上，有时也可与排水系统绘制在同一张图上。系统图应将设备相对位置表达清楚，管线连接简单明了。图中要标明管道的直径、水泵的型号、用水设备名称等。

4.2.2 消防供水系统

水电厂的消防供水系统，主要为发电机、厂房、油库以及厂房外的主变压器、电抗器等提供消防用水。

1. 消防供水水源和供水方式的确定

为了保证消防供水的可靠，必须设置两个水源。当水头较高时，宜采用自流供水，水源和取水口与技术供水合用，但应设单独的消防供水总管。当水头较低时，须设置两台消防泵，一台工作，另一台备用。

2. 发电机灭火

发电机内部冒烟、起火时，为了避免火灾事故的扩大，须立即采取灭火措施，其灭火方式通常采用喷水灭火。制造厂一般都在发电机定子线圈上下方布置了灭火环管，环管供水方式分单路供水和双路供水两种。单路供水时，环管的断面积应为$\frac{1}{2}$环管上喷水孔总面积的1.25～1.5倍；双路供水时，环管的断面积应为$\frac{1}{4}$环管上喷水孔总面积的1.25～1.5倍。

灭火环管的入口水压应不小于20～25mH_2O，灭火水量按式（4.17）估算，即

$$Q = qn \tag{4.17}$$

式中：Q为一台发电机的灭火供水流量，m^3/s；n为灭火环管上的喷孔总数；q为通过一个孔的流量，m^3/s，可按式（4.18）计算，即

$$q = \mu\omega\sqrt{2gH} \tag{4.18}$$

式中：μ为孔的流量系数，取0.61；ω为喷孔面积，m^2；H为灭火环管内的水头，m。

给灭火环管供水的消火栓，每台机组可配置一套，设计时应采取有效措施，防止平时有水漏入发电机，以免产生事故。消火栓可手动操作，平时活接头断开，需要灭火时与消防水源接通。无人值班的电站，须全自动操作。

3. 厂房灭火

厂房的消防，多以消火栓（消防水龙头）为主，化学灭火器为辅。化学灭火器一般沿厂房四周均匀地布置在墙壁上。

消火栓由消火软管（消防水带）和喷管组成。消火栓的布置，应保证两相邻消火栓的充实水柱能在主厂房内最高、最远可能着火点处相遇。消火栓的数量应按消火栓的保护半径和主厂房尺寸确定。消防用水量根据消火栓喷射流量计算，一般按两股水柱同时工作，每股流量为2.5L/s计算。

（1）消火栓的保护半径。消火栓的保护半径R按式（4.19）计算，即

$$R = L + S_k \cos 60° \ \text{(m)} \tag{4.19}$$

式中：L 为消防水带计算长度，m；S_k 为充实水柱长度，m。

消防水带计算长度可按消防水带长度的 80%～90%计算，消防水带长度一般有 10m、20m、30m 等几种。充实水柱长度是直流水枪灭火时的有效射程，按式（4.20）计算，即

$$S_k = 1.16H \tag{4.20}$$

式中：H 为发电机层地面至厂房顶的净高度，m。

（2）消火栓间距。当主厂房宽度小于消火栓保护半径时，消火栓可单列布置，其间距等于 0.5R。如果机组段间距小于 0.5R 时，通常为布置整齐，使用方便，仍采用每个机组段设置一个消火栓。当厂房宽度大于消火栓保护半径时，消火栓需采用双列布置，其间距为 0.5R，上、下游消火栓交叉布置。

（3）消火栓水力计算。消火栓栓口所需水压 H_{xh} 按式（4.21）计算，即

$$H_{xh} = h_d + H_Z \ \text{(m)} \tag{4.21}$$

式中：h_d 为消防水带水头损失，m；H_Z 为水枪喷嘴压力，mH_2O。

消防水带水头损失按式（4.22）计算，即

$$h_d = L i_x \tag{4.22}$$

式中：L 为消防水带长度，m；i_x 为消防水带单位长度的水头损失，m/m，计算公式为

$$i_x = A_d q_x^2 \tag{4.23}$$

式中：A_d 为水带的阻力系数，见表 4.2；q_x 为喷射流量，L/s。

表 4.2　水带阻力系数 A_d 与水带口径关系

水带口径（mm）	帆布、麻织水带 A_d	衬胶水带 A_d
50	0.0150	0.00750
60	0.0043	0.00175

喷射流量的计算公式为

$$q_x = \rho \sqrt{H_Z} \tag{4.24}$$

式中：H_Z 为喷嘴处水压力，mH_2O；ρ 为喷嘴出流率，见表 4.3。

表 4.3　喷嘴口径 d 与喷嘴出流率关系

d（mm）	13	16	19	22	25
ρ	0.588	0.891	1.260	1.680	2.170

直流水枪的充实水柱长度、喷嘴压力、喷嘴流量间的换算，按表 4.4 所示进行。

表 4.4　直流水枪的密集射流技术数据换算

充实水柱（m）	喷嘴口径和流量（mm）									
	13		16		19		22		25	
	压力（mH_2O）	流量（L/s）	压力（mH_2O）	流量（L/s）	压力（mH_2O）	流量（L/s）	压力（mH_2O）	流量（L/s）	压力（mH_2O）	流量（L/s）
6.0	8.1	1.7	8.0	2.5	7.5	3.5	7.5	4.6	7.5	5.9

续表

充实水柱(m)	喷嘴口径和流量(mm)									
	13		16		19		22		25	
	压力(mH_2O)	流量(L/s)	压力(mH_2O)	流量(L/s)	压力(mH_2O)	流量(L/s)	压力(mH_2O)	流量(L/s)	压力(mH_2O)	流量(L/s)
7.0	9.6	1.8	9.2	2.7	9.0	3.8	8.7	5.0	8.5	6.4
8.0	11.2	2.0	10.5	2.9	10.5	4.1	10.0	5.4	10.0	6.9
9.0	13.0	2.1	12.5	3.1	12.0	4.3	11.5	5.8	11.5	7.4
10.0	15.0	2.3	14.0	3.3	13.5	4.6	13.0	6.1	13.0	7.8
11.0	17.0	2.4	16.0	3.5	15.0	4.9	14.5	6.5	14.5	8.3
12.0	19.0	2.6	17.5	3.8	17.0	5.2	16.5	6.8	16.0	8.7
12.5	21.5	2.7	19.5	4.0	18.5	5.4	18.0	7.2	17.5	9.1
13.0	24.0	2.9	22.0	4.2	20.5	5.7	20.0	7.5	19.0	9.6
13.5	26.5	3.0	24.0	4.4	22.5	6.0	21.5	7.8	21.0	10.0
14.0	29.5	3.2	26.5	4.6	24.5	6.2	23.5	8.2	22.5	10.4
15.0	33.0	3.4	29.0	4.8	27.0	6.5	25.5	8.5	24.5	10.8
15.5	37.0	3.6	32.0	5.1	29.5	6.8	28.0	8.9	27.0	11.3
16.0	41.5	3.8	35.5	5.3	32.5	7.1	30.5	9.3	29.0	11.7
17.0	47.0	4.0	39.5	5.6	35.5	7.5	33.5	9.7	31.5	12.2
17.5	53.0	4.3	43.5	5.9	39.0	7.8	36.5	10.1	34.5	12.8
18.0	61.0	4.6	48.5	6.2	43.0	8.2	39.5	10.6	37.5	13.3
19.0	70.5	4.9	54.5	6.6	47.5	8.7	43.5	11.1	40.5	13.9
19.5	82.0	5.3	61.5	7.0	52.5	9.1	47.6	11.7	44.5	14.5
20.0	98.0	5.8	70.0	7.5	59.0	9.6	52.5	12.2	48.5	15.2
21.0	—	—	80.5	8.0	66.0	10.0	58.5	12.9	53.5	15.9
22.0	—	—	94.0	8.6	75.0	10.9	65.5	13.7	59.5	16.8
22.5	—	—	—	—	86.0	11.6	73.5	14.5	66.0	17.7
23.0	—	—	—	—	—	—	83.5	15.4	74.0	18.7

4. 油系统及厂外电气设备的灭火

油库、油处理室及化验室一般采用化学灭火器、沙箱和沙包等灭火。油库还应在储油罐上方加装消防喷头，下方设置事故排油池和常闭截止阀。为了防止油或干燥空气沿管壁流动时与管壁摩擦发生静电而引起火灾，在接受新油和排出废油的管道出口及管道上每隔100m处都应装设接地线，并用铜导线把所有的接头、阀门及储油罐都连接起来并接地，接地电阻不大于10Ω。

油浸式主变压器、电抗器等电气设备，油箱内充满变压器油，在设备的上方应装设消防喷头，采用自动或手动操作的水喷雾消防系统。

油系统及厂外电气设备的消防水源一般取自厂内消防供水总管，喷头入口水压为（0.5～0.6）$\times 10^6$Pa 时，喷水雾化较好，灭火效果显著。

4.2.3　排水系统

水电厂内排水系统一般分为机组检修排水和厂房渗漏排水两部分。设计排水系统，主要是根据电厂具体情况，确定排水量和排水方式，选择设备，绘制排水系统图。

设计排水系统时，要认真仔细，充分进行方案比较，使其运行可靠，技术先进，经济合理，要避免水淹厂房事故的发生。

4.2.3.1　检修排水

1. 检修排水量的计算

机组的检修排水包括低于下游尾水位的压力钢管积水、蜗壳积水、尾水管积水以及上、下游闸门的漏水。压力钢管的积水容积按钢管的布置情况和结构尺寸计算。机组检修时的下游尾水位，一般按一台机组检修、其他机组以额定功率发电考虑。

上、下游闸门单位时间漏水量可按式（4.25）计算，即

$$Q_{漏} = qL \times \frac{3600}{1000} = 3.6qL \quad (m^3/h) \tag{4.25}$$

式中：q 为闸门水封每米长的单位时间漏水量，对钢制密封平板闸门，上游为 0.5～1L/m・s，下游为 1～3L/m・s；蝴蝶阀（有围带者）可取 q＝0.5L/m・s；采用球阀时，则可不计其漏水量。

2. 检修排水方式的选择

检修排水方式有两种：一种是直接排水，检修排水泵以管道和阀门与各台机组的尾水管相接，机组检修时，水泵直接从尾水管抽水排出；另一种是廊道排水，厂房水下部分设有相当容积的排水廊道，廊道顶部高程一般低于尾水管底板高程，机组检修时，尾水管向排水廊道排水，再由检修排水泵从排水廊道或集水井抽水排出。廊道排水能使闸门的漏水量减少，可大大缩短排水时间。是否采用排水廊道的排水方式，应考虑厂房水下部分有无设置廊道的位置，以及在投资和工程量方面的合理性。

3. 检修排水泵的选择

水泵流量可按式（4.26）确定，即

$$Q = \frac{V}{T} + \sum Q_{漏} \quad (m^3/h) \tag{4.26}$$

式中：V 为需排除的积存水容积，m^3；$\sum Q_{漏}$ 为上、下游闸门单位时间的漏水量总和，m^3/h；T 为检修排水时间，一般取 4～6h，对大型水电站及长输水隧洞或尾水隧洞的电站可适当延长。

检修排水泵的台数应不少于两台，不设备用泵，其中至少应有一台泵的流量大于上、下游闸门总的漏水量。

检修排水泵的扬程应按一台机组检修其他机组满负荷运行时的尾水位确定，并考虑管道内的水头损失，可按式（4.27）计算，即

$$H_{泵} = (\nabla_{尾} - \nabla_{底}) + h_w + \frac{V^2}{2g} \quad (mH_2O) \tag{4.27}$$

式中：$\nabla_{尾}$为检修时的下游尾水位，m；$\nabla_{底}$为尾水管底板最低点高程，m；h_w 为管道水力损失，mH_2O；$\frac{V^2}{2g}$为管道出口流速水头，mH_2O。

水泵类型的选择：直接排水一般多采用卧式离心泵，因为连接方便；间接排水宜采用深井泵，原因是深井泵电动机安装位置高，不易受潮，能增加厂房防淹可靠性。

4.2.3.2 渗漏排水

1. 渗漏排水量的估计

厂内渗漏水量与电站的地质条件、枢纽布置、施工质量及设备制造水平等因素有关，用计算方法确定。因此，在确定厂内渗漏水量时，应首先由水工专业提出厂房水工建设的渗漏水量的估算值，然后参考已运行的类似电站渗漏水量的大小，并结合电站的实际情况，确定一个渗漏水量作为渗漏排水系统的设计依据。

当下游洪水位很高，厂区渍水不能自流排出时，应设置专用的排水系统，不应引入厂内渗漏排水系统，以确保安全。

2. 集水井容积的确定

集水井汇集不能自流排出的厂内渗漏水，用泵自动地排至厂外。

集水井的有效容积为工作水泵启动水位与停泵水位之间的容积，一般按容纳 30～60min 的渗漏水量来考虑，即

$$V_{集} = (30 \sim 60)q \quad (m^3) \tag{4.28}$$

式中：q 为渗漏水量，m^3/min。

3. 渗漏排水泵的选择

水泵流量可按水泵工作 10～20min 排干集水井有效容积中积存的渗漏水来选择，即

$$Q_{泵} = \frac{V_{集}}{(10 \sim 20)/60} \quad (m^3/h) \tag{4.29}$$

式（4.29）中，未计水泵工作期间流入集水井的渗漏水，因此水泵实际的工作时间要比计算所取值略大。若设计中渗漏水量值 q 已确定，则水泵流量 $Q_{泵}$ 应为渗漏水量 q 的 3～4倍，以保证水泵有足够的排水能力，且有一定的停泵时间。

水泵所需的扬程，应按集水井最低工作水位（停泵水位）与电站全部机组满发时的尾水位之差，并考虑克服管道阻力所引起的水力损失来确定。按最高尾水位校核。

渗漏排水泵宜选用深井泵、射流泵或潜水泵。一般选用两台同型水泵，一台工作，另一台备用，每台泵的流量与扬程应满足上述计算要求。

4.2.3.3 排水系统图的绘制

（1）检修排水和渗漏排水系统，对大型水电厂应分开设置；对机组检修排水量较小的中、小型水电站，也可考虑两个系统合用一套排水设备，但必须有防止尾水倒灌淹厂房的措施，如设置止回阀、隔离阀和规定严格操作程序等。

（2）机组检修排水设计时，应在水轮机进水管或蜗壳底部装设通向尾水管的排水管和阀门，使引水钢管中尾水位以上部分的积水自流排出。另外，为了排干尾水管内的积水，在尾水管侧壁最低处应设有排水口，排水口应设拦污栅。

（3）检修排水采用直接排水方式时，检修排水泵以管道和阀门与各台机组的尾水管相接；采用卧式离心泵时，不宜设置底阀，如水泵位置高于最低排水位时，应设真空泵或射流泵满足启动充水要求。

（4）厂内的渗漏水经排水管和排水沟，引至厂房最低处的渗漏集水井。设计时应规定集水井工作泵启动水位、停泵水位、备用泵启动水位和报警水位等。报警水位要低于最底层的交通廊道、操作廊道及布置有永久设备场地的地面高程。

（5）渗漏排水泵采用自动操作，在集水井内应装设水位信号器。渗漏排水泵采用深井泵时，深井泵的轴承润滑水管路上宜设电磁阀和示流信号器。

（6）检修排水和渗漏排水通常绘制在同一张图上，有时与技术供水系统合在一起组成水电厂的水系统图。图中管线连接要简单明了，设备相对位置表达清楚，要标明水泵的型号、集水井的特征水位等。

4.3　油　系　统

水电厂的油系统分为透平油系统和绝缘油系统。透平油主要供机组轴承润滑用油和调速系统、进水阀和液压阀等操作用油，水电厂常用 HU－30 透平油；绝缘油系统主要供变压器等电气设备用油，一般选用 DB－25 号绝缘油。由于透平油、绝缘油是两种不同性质、不同用途的油，不能混合，两系统应分开设置。

油系统的设计应包括以下主要任务：①接受新油；②储备净油；③给设备供、排油；④给运行设备添油；⑤油的监督、维护和取样化验；⑥污油的净化处理；⑦废油的收集及处理。油系统的组成包括油罐、油处理设备、油化验设备、油吸附设备、管网、测量及控制元件等。

油系统设计时，应根据机组和变压器等设备的技术条件，仔细计算设备用油量，正确选择油系统设备，合理绘制油系统图，保证设备的安全运行和操作维护的方便。

4.3.1　用油量计算

设备用油量应以制造厂提供的资料为准，在未获得所需资料前，应按经验公式、统计曲线或参考容量和尺寸相近的同型机组进行估算。变压器和电抗器等电气设备的用油量可在产品目录中查取，透平油系统的用油量估算如下。

1. 水轮机调节系统用油量计算

水轮机调节系统用油量包括油压装置、导水机构接力器、转桨式水轮机叶片接力器及管道等的充油量。

（1）油压装置的用油量见表 4.5。

（2）导水机构接力器用油量按式（4.30）计算（按两个接力器的总容积），即

$$V_d = \frac{\pi d_d^2 S_d}{2} \quad (m^3) \tag{4.30}$$

式中：d_d 为接力器直径，m；S_d 为接力器最大行程，一般 $S_d=$（1.4～1.8）a_0；a_0 为导水叶的最大开度。

表 4.5　　油压装置的用油量

型　号	充油量（m^3）		型　号	充油量（m^3）	
	压力油箱	回油箱		压力油箱	回油箱
YZ—1.0	0.35	1.3	YZ—25—2	10.0	
YZ—1.6	0.56	1.3	YZ—30—2	12.0	
YZ—2.5	0.9	2	HYZ—0.3		
YZ—4.0	1.4	2	HYZ—0.6		
YZ—6	2.1	4	HYZ—1.0		
YZ—8	2.8	4	HYZ—1.6	共 1.8	
YZ—10	3.5	5	HYZ—2.5		
YZ—12.5	5.0	6.2	HYZ—4.0	1.4	4.2
YZ—16-2	5.4		CT—40	0.21	0.9
YZ—20-2	7.0	8			

（3）转桨式水轮机叶片接力器用油量按式（4.31）计算，即

$$V_p = \frac{\pi d_p^2 S_p}{4} \quad (m^3) \tag{4.31}$$

式中：d_p 为转轮叶片接力器直径，m，一般 $d_p=$（0.3～0.45）D_1；D_1 为水轮机转轮直径，m；S_p 为转轮叶片接力器活塞行程，m，一般 $S_p=$（0.12～0.16）d_p，小系数适合于转轮直径大于 5m 以上的水轮机。

（4）受油器的充油量约等于转轮叶片接力器充油量的 20%。

（5）冲击式水轮机喷针接力器充油量按式（4.32）计算，即

$$V_j = \frac{Z_0\left(d_0 + \frac{d_0^3 H_{max}}{6000}\right)}{10^{-5} P_{min}} \quad (m^3) \tag{4.32}$$

式中：Z_0 为喷嘴数；d_0 为射流直径，m；H_{max}为电站最大工作水头，m；P_{min}为油压装置最小油压，Pa。

2. 机组轴承充油量计算

机组轴承包括发电机推力轴承和导轴承以及油润滑的水导轴承，其充油量按推力轴承和导轴承单位千瓦损耗来计算，其计算公式为

$$V_h = q(P_t + P_d) \quad (m^3) \tag{4.33}$$

式中：q 为轴承损耗单位千瓦所需油量，m^3/kW，见表 4.6；P_t 为推力轴承损耗，kW，取 $P_t = AP_T$；A 为单位负荷推力轴承损耗，kW/t，见表 4.7；P_T 为推力轴承负荷（包括水轮机的水推力和机组转动部分的重量），t；P_d 为导轴承损耗，kW，按式（4.34）计算，即

$$P_d = 11.78 \frac{S\mu V_u^2}{\delta} \times 10^{-3} \quad (kW) \tag{4.34}$$

$$S = \pi D_P h \tag{4.35}$$

式中：S 为轴与导瓦接触面积，m^2；D_P 为主轴直径，m；V_u 为主轴的圆周速度，m/s；δ

为轴瓦间隙，一般为 0.2mm；μ 为油的动力黏度系数，对 HU－30 透平油，$\mu=0.035\times 9.8\text{N}\cdot\text{s/m}^2$；$h$ 为轴瓦高度，m，一般取 $h=(0.5\sim0.8)D_P$。

表 4.6　　轴承结构与单位千瓦损耗所需油量

轴承结构	轴承单位损耗所需油量 q（m^3/kW）
一般结构的推力轴承和导轴承	0.04～0.05
组合结构（推力轴承和导轴承同一油槽）	0.03～0.04
外加泵或镜板泵外循环推力轴承	0.018～0.026

表 4.7　　推力轴承损耗与转速的关系

转速（r/min）	单位负荷推力轴承损耗（kW/t）	备注
54.6～83.3	0.085～0.1	适用伞式机组
88.2～107	0.155～0.17	适用伞式机组
100～150	0.14～0.18	适用悬吊式机组，高速取上限
115.4～500	0.2～0.3	高速大容量取上限
375～500	0.5～0.6	

3. 管道充油量

管道充油量应根据管网的大小和长短计算确定，初估时可按上述总油量的 5%计。

4. 系统用油量计算

(1) 运行用油量（或设备充油量）V_1。对于透平油系指一台机组的调速系统用油量、机组轴承用油量和管道充油量之和，即

$$V_1=(V_P+V_h)\times1.05\quad(\text{m}^3)\tag{4.36}$$

式中：V_P 为一台机组的调速系统用油量，m^3；V_h 为一台机组轴承的用油量，m^3。

对于绝缘油系指一台变压器和一台电抗器用油量之和。

(2) 事故备用油量 V_2。它为一台最大机组（或一台最大变压器）用油量的 110%（10%是考虑蒸发、漏损和取样等裕量系数），即

$$V_2=1.1(V_P+V_h)\quad(\text{m}^3)\tag{4.37}$$

(3) 补充备用油量 V_3。由于蒸发、漏损和取样等损失需要补充油。它为机组 45 天的添油量，即

$$V_3=(V_P+V_h)a\times\frac{45}{365}\quad(\text{m}^3)\tag{4.38}$$

式中：a 为一年中需补充油量的百分数。对 HL、ZD 型水轮机取 $a=5\%\sim10\%$，对 ZZ 型水轮机取 $a=25\%$，变压器取 5%。

系统总用油量为

$$V=ZV_1+V_2+ZV_3\quad(\text{m}^3)\tag{4.39}$$

式中：Z 为机组台数。

在进行系统用油量计算时，应将透平油和绝缘油两系统分别计算。

4.3.2 油系统设备选择

1. 储油设备选择

(1) 净油槽。储备净油以便机组或电气设备换油时使用。容积为一台最大机组（或变压器）充油量的110%，加上全部运行设备45天的补充用油量。通常透平油和绝缘油各设置一个。但容量大于60m³时，应考虑设置两个或两个以上，并考虑厂房布置要求。

(2) 运行油槽。当机组（或变压器）检修时排油和净油用。容积为最大机组（或变压器）充油量的100%，但考虑兼作接受新油，并与净油槽互用，其容积宜与净油槽相同。为了提高污油净化效果，通常设置两个，每个为其容积的1/2。

(3) 中间油槽。油库布置较高，检修机组充油部件时排油用。其容积为最大充油设备的充油量，数量为一个。当油库布置在厂内水轮机层以下高程时不需设置。

(4) 重力加油箱。设在厂内储存净油作为设备自流添油的装置，对于转桨式机组，漏油量较大，添油频繁，可设置重力加油箱；对于混流式机组，漏油量少，加油的机会少，可不设置，而用移动小车添油。重力加油箱的容积视设备的添油量而定，一般为0.5～1.0m³，当容积过大，机组台数又超过4台时，可设置两个。

油系统设计时不一定将所有的油槽都设置，要考虑运行中油的运输和处理，并对运行情况进行分析，尽量达到经济合理。目前国内多数电站，透平油和绝缘油分别设置一个净油槽，两个运行油槽。正常运行时净油槽储存净油，设备检修时，运行油槽作设备的排油和净化用，待设备检修完毕把净油充入设备后，把净化好后的油再存入净油槽。必要时运行油槽也可临时收集废油。根据我国油类供应情况，这样进行设置储油槽是可以的。

2. 油泵和油净化设备的选择

油泵和油净化设备应满足输油和净化的要求。水电厂的净化设备通常选用压力滤油机和真空滤油机，对透平油和220kV变压器油基本可以满足净化处理的要求。离心滤油机由于性能不易掌握、不好调整，特别是当油中水分较少时分离效果不好，水电厂不推荐使用。

(1) 压力滤油机和真空滤油机的选择。压力滤油机和真空滤油机的生产率是按8h内能净化最大一台机组的用油量或在24h内滤清最大一台变压器的用油量来确定，即

$$Q'_L = \frac{V_1}{t} \quad (m^3/h) \tag{4.40}$$

式中：V_1 为最大一台机组（或变压器的充油量），m³；t 为滤清的时间，规定为8～24h。此外，考虑到压力滤油机要更换滤纸所需时间，所以在计算时应将其额定生产率减少30%，故

$$Q_L = \frac{Q'_L}{(1-0.3)} \quad (m^3/h) \tag{4.41}$$

根据 Q_L 从有关产品目录中选取。

净油设备数量，一般应分别选用一台压力滤油机、一台真空滤油机和一台滤纸烤箱。对小型电站，一般只选一台移动式压力滤油机，并考虑透平油和绝缘油共用。

(2) 油泵选择。油泵是输油设备，在接受新油、设备充油、排油和净化时使用。油泵生产率应能在4h内充满一台机组或6～8h内充满一台变压器的用油量。作为接受新油的油泵，其容量应保证在铁路货车停车时间内将油从油车上卸下来。一般20t以下的油车停

2h；20～40t 的油车停 4h。

$$Q=\frac{V_1}{t}\quad (m^3/h) \tag{4.42}$$

式中：V_1 为一台机组或变压器充油量，m^3；t 为充油时间，规定为 4～8h。

油泵的扬程应能克服设备之间高程差和管路损失。由于齿轮油泵结构简单，工作可靠，维护方便，价格便宜，故多采用 ZCY 型和 KCB 型齿轮油泵。一般设置两台，一台移动式油泵用以接受新油和排出污油，一台固定式油泵供设备充油时用。对小型电站，可考虑只选用一台移动式油泵。

（3）管径、管材的选择。对支管一般根据供油设备、净油设备和用油设备的接头尺寸确定。对干管可按经验选择：通常压力油管采用 $d=32\sim65$mm，排油管取 $d=50\sim100$mm；或按式（4.43）计算，即

$$d=\sqrt{\frac{4Q}{\pi v}} \tag{4.43}$$

式中：d 为油管直径，m；Q 为油管内油的流量，m^3/s；v 为油管允许速度，一般为 1～1.5m/s，与油的黏度有关，见表 4.8。

表 4.8　油管允许流速与黏度关系

油的黏度（°E）	自流及吸油管道（m/s）	压力油管道（m/s）
1～2	1.3	2.5
2～4	1.3	2
4～10	1.2	1.5
10～20	1.1	1.2
20～60	1.0	1.1
60～120	0.8	1.0

计算后选取接近的标准管径。管道系列为 15mm、20mm、25mm、32mm、40mm、50mm、65mm、80mm、100mm、125mm、150mm、200mm、250mm、300mm、350mm、400mm、450mm、500mm、600mm。

油系统管路建议选用有缝钢管或无缝钢管，通常不选镀锌钢管和硬塑料管。镀锌钢管，由于油中酸碱的作用，会促使油劣化；硬塑料管容易发生变形和老化，也不利于防火。与净化设备连接的管子通常用软管，如软铜管、耐油胶管和软胶管。

4.3.3　油系统图的绘制

1. 油系统图的设计要求

（1）系统连接要明了，操作程序要清楚，尽量减少管路及阀门。

（2）净油和污油应有各自独立的油泵、油罐及管路等，以减少不必要的冲洗工序。

（3）机组各用油设备均能单独进行供、排油和添油，检修时能就地滤油，必要时可考虑在设备运行中能进行油的吸附处理。

（4）能方便地接受新油和排除废油。

(5) 为运行使用上的方便，除有固定设备及管路外，还应有移动式设备、连接软管及活接头。

(6) 油处理系统一般为手动操作，在主要供、排油管上可视具体情况装设示流器。对强迫油循环系统，需设示流器对油流进行监视。

(7) 重力加油箱应有油位指示装置。

2. 油系统图的绘制

油系统图分透平油系统图和绝缘油系统图，要分别绘制在两张图上。图中要标明油管的直径、油泵及油处理设备的型号、油槽的容积等，应将设备相对位置表达清楚。

油系统图确定后，应结合图中设备和阀门编号，编写油系统的操作程序。

第5章

水电厂电气部分设计

5.1 水电厂一次接入系统设计

在拟定水电厂接入系统方案时，应仔细分析本厂在电力系统中的作用和地位，明确本厂对系统送电的要求、送电容量及最少送电回路数。根据电力系统地理接线，考虑本厂可能接入的地点及电压等级。

水电厂对系统的送电容量包括本厂的最大出力和有可能通过本站转送的容量，同时扣除近区供电负荷和本厂自用电负荷。水电厂自用电负荷按电站装机容量的0.3%～1.0%估算，电站容量越大，比例系数越小。

5.1.1 输电线路电压等级和送电回路数的确定

在输电距离和输电容量一定的条件下，线路电压等级高，线路上电流就小、线路功率损耗和电能损耗低，电压损失也小；同时也可选用较小的导线截面。但是一方面，线路电压越高，线路的绝缘越要加强，导线相间距离和对地距离都要相应增加，使线路杆塔尺寸及造价上升；另一方面，变压器和开关设备的投资也相应增大。

输电线路电压等级的确定应符合国家规定的标准电压等级，我国现行的输电线路额定电压标准见表5.1。在选择输电线路电压等级时，应根据各级电压线路的输送容量与送电距离的关系，以及周围电力网的额定电压的情况，提出几个技术上可能的接入系统的方案，通过技术经济比较确定。当两个方案技术经济指标相近，或较低电压等级的方案优点不明显时，应选用电压等级较高的方案，必要时可考虑初期降低运行。

表5.1　各电压等级线路电压合理输送容量及输送距离

线路额定电压 (kV)	输送容量 (MW)	输送距离 (km)	线路额定电压 (kV)	输送容量 (MW)	输送距离 (km)
0.38	<0.1	<0.6	60	5.0～20.0	100～20
3	0.1～1.0	3～1	110	10.0～50.0	150～50
6	0.1～1.2	15～4	220	100.0～300.0	300～100
10	0.2～2.0	20～6	330	200.0～1000.0	600～200
35	2.0～10.0	50～20	500	800.0～2000.0	1000～400

5.1.2 送电线路导线截面的选择

选择送电线路导线截面积时，既要考虑经济性，也要考虑技术安全性。其一般作法是：先按电流密度初选导线标称截面积，然后进行发热、电晕、机械强度、电压损失等技术条件的校验。

5.1.2.1 按经济电流密度选择导线截面积

导线截面积大，导线电阻就小，通电时的电能损耗小，但投资、维修费用、利息支付和有色金属消耗量大。综合计算后，年计算费用最小所对应的导线截面积称为经济截面。导线单位经济截面上通过的电流称为经济电流密度。导线设计时采用统一规定的经济电流密度，如图 5.1 所示，经济电流密度主要取决于导线材料和最大负荷年利用小时数。

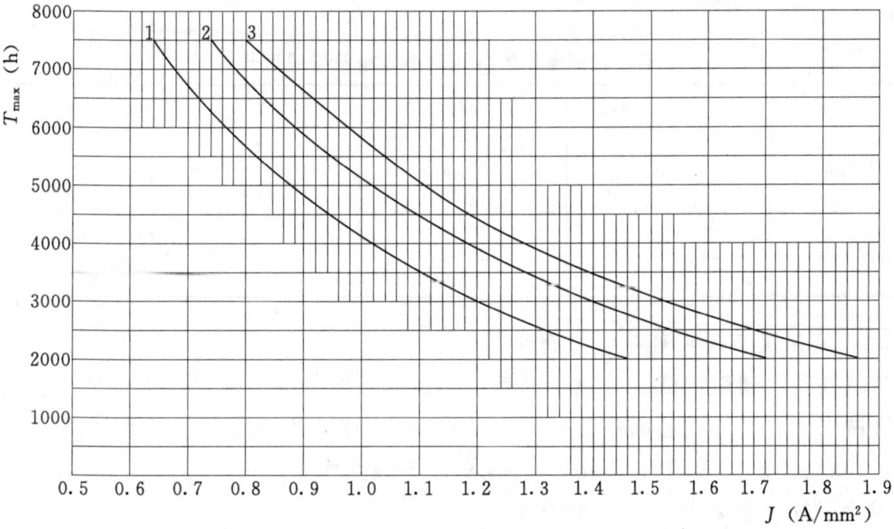

图 5.1 软导线经济电流密度 J

1—10kV 及以下 LJ 型导线；2—10kV 及以下 LGJ 型导线；3—35～220kV 及以下 LGJ 型导线

导线的经济截面积 S_j 按式（5.1）计算，即

$$S_j = \frac{P_{max}}{n_{XL}} \frac{1}{\sqrt{3} J U \cos\varphi} \tag{5.1}$$

式中：P_{max}为正常运行方式下线路最大持续有功功率，kW；n_{XL}为送电回路数；U 为送电线路额定电压，kV；J 为经济电流密度，A/mm^2；$\cos\varphi$ 为送电功率因数。

考虑到电力系统的经济性、升压变的功率损耗和近区负荷用电及自用电负荷的功率因数较低等原因，送电功率因数可取略高于发电机的额定功率因数，如发电机的额定功率因数为 0.875，可取送电功率因数为 0.90。

根据计算结果选择最接近的标准截面的导线，高压送电线路导线通常选用钢芯铝绞线（LGJQ 型）。

5.1.2.2 校验导线截面积

1. 按长期允许载流量条件校验导线截面积（发热校验）

导线型号初选后，需计算出最严峻的正常运行方式和事故运行方式下，实际可能的工作电流，将其与该型号导线长期允许载流量相比较，前者应不大于后者。

我国规定的导线长期允许载流量，其工作条件是海拔为1000m及以下、环境温度为25℃。当导线的工作条件与之不同时，则导线的长期允许载流量需进行修正。

2. 按电晕条件校验导线截面积

电晕是一种强电场下的放电现象，当导线周围电场强度超过了空气的耐压强度，电晕就会发生。电晕发生时不仅引起电能损耗，而且伴随有金属腐蚀等不良影响。电压越高，电场强度越大；导线曲率半径太小，表面不光滑，都易出现高电场集中。

导线不发生电晕的条件是其最高工作电压要低于电晕起始电压。110kV及以上线路，避免电晕的产生往往是限制导线直径不能太小。

在海拔1000m以下地区，若导线直径不小于表5.2中的相应导线外径，可不进行电晕校验。

表5.2 不必验算电晕的导线最小直径及导线型号

额定电压（kV）	110	220	330	500
导线外径（mm）	9.8	21.3	33.2	4×23.7
			2×21.3	3×27.4
导线相应型号	LGJ－50	LGJ－240	LGJQ－600	4×LGJQ－300
			2×LGJ－240	3×LGJQ－400

3. 按机械强度条件校验导线截面积

对跨越铁路、通航河流、公路、通信线路及居民区的电力线路，为保证架空线路具有必要的机械强度，其导线截面积不得小于35mm²；通过其他地区的架空线路允许最小截面积为：35kV及以上线路为25mm²，35kV以下线路为16mm²。

4. 按允许电压损耗校验导线截面积

10kV及以下电压等级的送电线路，应校验正常工作的电压损耗。按有关规程规定，正常工作时电压损耗应不超过5%。

导线截面积的校验条件较多，但对于不同电压等级的送电线路，起控制作用的校验条件一般也不同。例如，超高压输电线路主要考虑电晕放电、无线电干扰和噪声的程度；1～10kV线路主要考虑电压损耗；大跨越的导线主要考虑机械强度和长期允许载流量；电缆线路主要考虑热稳定和动稳定等。

5. 列表说明接入系统方案

参见表5.3。

表5.3 接入系统方案综合表

方　案	Ⅰ	Ⅱ	Ⅲ	…
接入系统地点				
送电线路电压等级（kV）				
送电回路数				
送电线路长度（km）				
送电线路导线型号				

5.1.3 方案技术经济比较

由于线路电压等级和送电回路数的不同，水电厂一次接入系统设计出现了几个可行方案，需进行经济技术比较才可确定出最佳方案。

1. 技术比较

方案技术比较时应从运行方式、安全性、可靠性、灵活性及扩建或分期建设的可能性等诸方面，阐述和比较各方案的优、缺点。方案要符合现行的国家有关方针政策，国家短缺的原材料消耗要少。

2. 经济比较

由于方案的电压等级及回路数不同，有可能影响主接线，因此，必要时应结合主接线方案一并进行比较。

在经济比较中，一般有建设投资和年运行费用两大项。计算中，可只计算各方案不同部分的建设投资和年运行费用。

（1）建设投资。建设投资是指为实现该方案，在建设期间需支付的资金。建设投资包括送电线路投资，本电站及接入系统处增加的变压器和配电装置（按单元计算）的投资等。

（2）年运行费。年运行费是指该方案建成或部分建成时，在投运期间为维护其正常运行每年需付出的费用，通常包括 4 个部分：①设备折旧费；②设备的经常性小修费；③设备的维护管理费；④年电能损耗。

运行中的输电线路和变电器，都会产生一定的电能损耗，每年电能损耗的度数按电价折算后也属于电力系统年运行费的一部分，称为年电能损耗折价费。

年运行费 μ 的计算为

$$\mu = \frac{1}{100}(\alpha_1 + \alpha_2)Z + \beta\Delta A \tag{5.2}$$

式中：μ 为年运行费，元/年；α_1 为基本折旧率，取 4.8%；α_2 为大修率，国产设备取 1.4%，进口设备取 1%；Z 为投资费，元；ΔA 为年电能损耗，kW·h/年；β 为电价，元/(kW·h)。

（3）经济比较。在比较方案中，投资及年运行费最小的方案是经济上最好的方案。如投资大的方案而年运行费小，则应进一步计算比较。具体方法可采用抵偿年限法和年计算费用法。这两种方法属于静态比较法，不考虑资金本身的时间价值，认为设备、材料、人工等费用与时间是无关的，因而只对各种费用按固定价值分析比较。

抵偿年限 N 可由式（5.3）计算，即

$$N = \frac{Z_2 - Z_1}{\mu_1 - \mu_2} \tag{5.3}$$

式中：Z_1 为第一方案的投资，元；μ_1 为第一方案的年运行费，元/年；Z_2 为第二方案的投资，元；μ_2 为第二方案的年运行费，元/年。

目前我国采用的标准补偿年限一般为 5～8 年。当 $N>5\sim8$ 年，投资较小的方案经济上有利；当 $N<5\sim8$ 年，投资较大的方案经济上有利；当 $N=5\sim8$ 年，两方案经济价值相等，通常选用电压较高的送电方案。

如方案数目超过两个以上时，为便于比较，可采用年计算费用法。每个方案的年计算

费用按式（5.4）计算，即

$$J_i = \frac{Z_i}{N} + \mu_i \tag{5.4}$$

式中：J_i 为 i 方案的年计算费用；i 为方案编号。

将各方案的 J_i 计算出来后，J_i 最小的方案经济上最优。

5.2 电气主接线设计

电气主接线是水电站电气部分的主体，它与电力系统、电气设备的选择和布置、继电保护等都有密切的关系，直接影响电厂的运行、维修和投资。主接线方案选择是电厂电气部分设计的首要环节，必须加以重视。

主接线的设计必须根据国家的经济建设方针和政策，按照技术规定和标准，全面分析电力系统和电厂的具体情况，通过经济技术比较，最后选定主接线方案。

5.2.1 电气主接线设计的基本要求

电气主接线必须满足可靠性、灵活性、经济性 3 项基本要求。

1. 可靠性

为保证供电可靠，应充分做好调查研究工作。电气主接线不仅要保证在正常情况运行时，还要考虑到检修和事故时，都不能导致一类负荷停电，一般负荷也尽量减少停电时间。设计时应考虑设备的备用，并有适当的裕度，选用运行可靠性高的设备。

2. 灵活性

电气主接线应满足运行、检修、热备用、冷备用等各种方式下的运行要求。在调度时，可以灵活地投入和切除发电机、变压器和线路，灵活地调配电源和负荷。在某一设备需要检修时，应能方便地将其退出运行，并使该设备与带电运行部分有可靠的安全隔离，保证检修人员检修时的安全。如有分期建设要求，主接线能容易地从初期接线方式过渡到最终接线。

3. 经济性

主接线在满足必要的可靠性和灵活性的前提下，应尽量做到经济合理。

（1）节省投资。主接线应力求简单，过于复杂可能反而降低可靠性；有时可采取限制短路电流的措施，以便选用价廉的轻型设备，减少投资。

（2）减少电能损耗。避免迂回供电增大电能损耗，合理选择变压器的型号、容量、台数。

（3）减少占地。水电厂地处山区，地形狭窄，主接线尽量减少占地面积，减少土石方开挖量和回填量。

5.2.2 主接线基本形式的确定

由于水电厂在电力系统中的地位、负荷情况、出线回路数、设备特点等条件的不同，会出现多种接线方案，设计时须通过方案技术经济比较，确定主接线的基本形式。

实际工程中电气主接线分为有汇流母线和无汇流母线两大类。有母线的主接线形式包括单母线、单母线分段、单母线分段带旁路母线、双母线、双母线分段、双母线带旁路母线和 3/2 断路器双母线接线。无母线的主接线主要有单元接线、扩大单元接线、桥形接线和多角形接线。

通过母线汇集和分配电能，能使进出线路连接方便，主接线运行灵活，也有利于安装、检修和扩建；其缺点是断路器等设备增多，配电装置占地面积扩大。

为了选择合理的主接线形式，设计时要熟悉各种电气主接线的接线方式、优缺点和适用范围；认真分析设计资料，充分进行方案比较，最终选出最佳的主接线形式。

水电厂电气主接线有下列特点，可供设计时参考。

（1）水电厂一般离负荷中心较远，当地负荷很小甚至没有，电能主要通过变压器升高电压后送出。因此，主接线中可不设发电机电压母线，多采用发电机一变压器单元接线或扩大单元接线。单元接线能减少配电装置占地面积，也便于水电厂自动化调节。

（2）水电厂的电气主接线力求简单，主变台数和高压断路器数量尽量减少，高压配电装置布置紧凑、占地少，以减少在狭窄山谷的土石方开挖量和回填量。

（3）水电厂投产后，很少因增加容量而扩建。因此，水电厂除可采用单母线分段、双母线、双母线带旁路及3/2断路器接线外，桥形接线（4个进出线单元）和多角形接线（3～6个进出线单元）也应用较多。

（4）水电厂容量很大，在电力系统中地位特别重要，且进出线在4回以上时，才采取双母线、双母线带旁路和3/2断路器双母线等接线。35～110kV电压级亦可采用单母线或单母线分段接线。

（5）水电厂在系统中经常承担调频、调峰及调相任务，机组开停机频繁，运行方式变化大，主接线应具有较好的灵活性。

（6）水轮发电机组的运行控制比火力发电厂简单，较易实现自动化，因此，电气主接线应尽力避免以隔离开关作为操作电器。

5.2.3 主变压器的选择

1. 主变压器形式的选择

主变压器是升压变压器，它将发电机电压升高到系统电压。发电机额定电压与发电机的容量有关，如表5.4所示。变压器高压侧电压取决于系统接入地点电压，高压电压等级不宜多于2级。

表5.4　发电机额定电压

容量（MW）	≤25		25～100	100	200	300	
额定电压（kV）	6.3	10.5	10.5	13.8	15.75	15.75	18

主变压器形式很多，可分为三相变压器和单相变压器，双绕组变压器和三绕组变压器，普通型变压器和自耦变压器等。

主变压器一般选用三相式，如受地形及运输条件限制，亦可选用单相变压器组。当机组为125MW及以下容量的发电厂有两级送电电压，同时各电压侧通过容量为变压器额定容量的15%以上时，一般选用三绕组变压器。200MW及以上的机组采用双绕组变压器。

高压系统和中压系统之间的联络变压器，一般选用三绕组变压器。如高压和中压系统均为中性点直接接地系统，在技术经济上合理时，也可选用自耦变压器。

2. 主变压器台数的选择

变压器故障率很低，但发生事故，其严重性和影响都比较大。因此，与系统有强联系的大、中型发电厂，在一种电压等级下，主变压器应不少于 2 台。装机容量在系统中所占比例不大的小型水电厂，可只装一台主变压器。

3. 主变压器容量的确定

单元接线的主变压器容量应按发电机的额定容量扣除本机组的自用电负荷后，留有 10%的裕度来确定。具有发电机母线接线的变压器，其容量按发电机母线上负荷最小时，能将发电机剩余的功率送入系统来确定。装有 2 台主变压器的发电厂，当一台出故障或检修时，另一台主变压器应能承担总传输功率的 70%。

确定主变压器所需的计算容量后，可按我国现行的变压器标准容量系列选择相近而略大于计算容量的产品。

5.2.4　电力系统的中性点接地方式

发电机三相绕组通常接成星形，变压器高压侧三相绕组多数也接成星形，星形绕组的公共连接点称为电力系统的中性点。

电力系统中性点接地方式分为中性点直接接地和中性点非直接接地两大类。

1. 中性点直接接地方式

我国 110kV 及以上电网广泛采用中性点直接接地方式，该方式下的单相短路电流很大，短路时线路和设备须立即切除，降低了供电可靠性。但由于非故障相的相电压不会升高，这样对线路的绝缘水平要求较低，能显著降低线路投资。

在实际运行中，为限制短路电流，110kV 及以上电网的中性点只有一部分接地，而其余的则不接地。因此，设计时所有普通变压器的中性点都应经隔离开关接地，以便于运行调度灵活选择接地点。当变压器中性点可能断开运行时，如该变压器中性点绝缘不是按线电压设计，应在中性点装设避雷器保护。

2. 中性点非直接接地方式

中性点非直接接地方式分为中性点不接地、中性点经消弧线圈接地和中性点经高电阻接地 3 种。在中性点非直接接地方式下，系统发生单相接地时允许带故障运行 2h，供电连续性较好，接地电流很小，仅为线路及设备的电容电流，但非故障相的相电压升高为原来的 1.73 倍。

我国 3～35kV 系统，当单相接地时的电容电流小于规定值时，都采用中性点不接地方式。具体规定为：3～6kV 电网单相接地电容电流不大于 30A；10kV 电网单相接地电容电流不大于 20A；35kV 电网单相接地电容电流不大于 10A。

当接地电容电流超过上述允许值时，可采用中性点经消弧线圈接地，用消弧线圈抵消电容电流，从而保证接地电弧瞬时熄灭，以消除弧光间隙接地过电压。当接地电容电流超过允许值时，也可采用中性点经高电阻接地方式。

某一电压等级的系统单相接地电容电流，应包括线路、发电机、变压器以及母线的电容电流，并考虑系统 5～10 年的发展。具体计算方法可查阅有关手册。

当水轮发电机的单相接地电容电流大于 5A 时，发电机中性点应该通过隔离开关，接入消弧线圈后接地。

水轮发电机单相接地电容可按式（5.5）计算，即

$$C = \frac{KS^{9.15}}{3(U_e + 3.6)n^{1/3}} \tag{5.5}$$

式中：C 为水轮发电机单相接地电容，μF；K 为系数，对于B级绝缘的发电机，取0.04；S 为发电机容量，kVA；U_e 为发电机额定线电压，kV；n 为转速，r/min。

水轮发电机单相接地时的电容电流计算公式为

$$I_{id} = 2\sqrt{3}\pi f U_e C \times 10^{-3} \tag{5.6}$$

式中：I_{id} 为水轮发电机单相接地电容电流，A；f 为发电机额定频率，我国为50Hz。

应接入的消弧线圈的计算容量，可按式（5.7）计算，即

$$Q = 1.35 I_{id} U_e \tag{5.7}$$

式中：Q 为消弧线圈的计算容量，kVA；U_e 为发电机的额定相电压，kV。

5.2.5 厂用电设计

1. 厂用电压等级的确定

厂用电中的主要用电负荷是电动机，中、小型水电厂的厂用电动机单台容量很少有超过100kW的，电动机额定电压均为380V，厂用电大多采用380V一级电压供电。大型水电厂因坝区有大型机械，如闸门启闭机、船闸或升船机等，还需用6kV（或10kV）供电，形成高压和低压两级电压供电。

低压厂用电电压应采用380/220V三相四线制系统，中性点直接接地。

2. 厂用变压器的选择

厂用电的可靠性，对发电厂乃至整个电力系统的可靠运行都有直接的影响。选择厂用变压器容量时，要保证在正常情况下满足全厂用电负荷的供电；在一台厂用变压器事故或检修条件下，要有足够的备用容量，以保证发电机组正常运行。

水电厂用电设备多数是断续运行的，厂用电量所占电厂总容量的比例很小，厂用电率仅为0.3%～2%。

厂用变压器原边额定电压必须与引接处一致。如从发电机出口分支引接，应为发电机额定电压（10.5kV、13.8kV、15.75kV等）。副边额定电压则与厂用电压配合，如6.3kV、0.4kV等。

厂用变压器分为油浸式和干式两种。布置在厂房内的厂用变压器应采用干式变压器；如有架空进线时，不允许直接与架空线路连接，要经过不短于500m的电缆或采用灭弧电压较低的避雷器作为进线保护，也可采用油浸式变压器。布置在屋外的厂用变压器则宜选用油浸式变压器。当厂用变压器的安装地点潮湿时，宜采用防湿性能良好的干式变压器。

3. 厂用工作电源、备用电源及其引接方式的确定

中型水电站应具有两个独立的厂用电电源，一个工作，一个备用。全厂公用电和机组自用电，可以共用变压器混合供电。大型水电站应不少于3个独立的厂用电电源，其中一个可由地区电网取得。大容量、多机组的水电站，可考虑由各单元不经断路器直接引到机组自用电变压器，全厂另设公用电变压器。

厂用工作电源对可靠性要求很高，工作电源的引接方式与电气主接线有密切联系。当

主接线有发电机电压母线时，厂用工作电源从发电机电压母线上引接；无发电机电压母线时，从发电机出口或主变低压侧引接。

厂用备用电源能在事故情况下厂用负荷失去工作电源时，自动投入运行，须具有供电的独立性，最好与系统联系紧密，在全厂停止发电情况下仍能从系统获得厂用电源。厂用备用电源可以从发电机电压母线的不同分段上或另一台发电机出口引接。

厂用备用电源分明备用和暗备用两种。水电厂多采用暗备用，即不设专门的备用变压器，而是两个厂用工作变压器容量选大一些，互为备用。

4. 厂用电接线形式的确定

水电厂的厂用电系统常采用单母线分段的形式，每段单母线由单独的厂用变压器供电，以满足可靠性和灵活性的要求。

5.2.6　近区负荷接线设计

1. 近区负荷电压等级和送电线路的确定

根据电厂向附近地区负荷送电容量和送电距离，确定近区负荷电压等级和送电线路回路数，然后按经济电流密度选择导线截面，并进行发热、电晕、机械强度和电压损失等技术条件的校验。发电机容量在 60MW 以上时，其额定电压也较高，为保证发电机的安全运行，不宜采用发电机电压直配架空线路向近区负荷供电方式；小于以上容量，如确有必要时，则应按过电压保护的要求，采用相应的措施，详见有关设计参考资料。

2. 近区变压器的选择

水电厂发出的电能主要通过主变压器升高电压后送出，近区负荷供电容量占电厂总容量的比例很小。因此，近区变压器的选择对电厂发电影响不大，主要取决于近区负荷的用电性质。近区变压器的台数一般为 1～2 台。当近区负荷供电容量达到主变压器容量的 15%以上时，可考虑选择三绕组变压器作为主变压器，同时兼供近区负荷。

3. 近区负荷接线形式的确定

在满足供电要求的前提下，近区负荷接线应力求简单，可采用线路——变压器组接线、桥形接线或单母线接线。

5.2.7　主接线中的设备配置

1. 隔离开关的配置

除了要满足主接线基本形式中配置的隔离开关数量外，还应考虑以下几点要求。

(1) 接在母线上的电压互感器、避雷器，电压在 220kV 及以下时，一般合用一组隔离开关。但对于 330～500kV 避雷器和线路电压互感器均不应装设隔离开关，它们的检修可与相应回路同时进行。

(2) 接在发电机、变压器引出线或中性点上的避雷器，一般不设隔离开关。

(3) 中性点直接接地的普通变压器均通过隔离开关接地；自耦变压器的中性点则不必装设隔离开关。

2. 接地刀闸的配置

(1) 为保证电器和母线的检修安全，35kV 及以上每段母线根据长度宜装设 1～2 组接地刀闸或接地器。母线的接地刀闸一般装设在母线电压互感器的隔离开关上和母联隔离开关上，也可装于其他回路母线隔离开关的基础上。

（2）63kV及以上配电装置的断路器两侧隔离开关和线路隔离开关的线路侧宜配接地刀闸。双母线接线两组母线隔离开关的断路器侧可共用一组接地刀闸。

（3）旁路母线一般装设一组接地刀闸，设在旁路回路隔离开关的旁路母线侧。

（4）63kV及以上主变压器进线隔离开关的主变压器侧宜装设一组接地刀闸。

3. 电压互感器的配置

电压互感器在主接线中的配置与主接线形式有关，应满足测量、监视、保护和自动装置的要求。电压互感器的配置应能保证在运行方式改变时，保护装置不得失压，同期点的两侧都能提取到电压。

电压互感器的配置主要有以下几项：

（1）发电机出口一般装设两组电压互感器。其中，一组为双绕组电压互感器，供励磁调节装置用；另一组为三绕组电压互感器，供同期、测量、保护装置用。当发电机出口与主变低压侧经断路器相连，且厂用电支路由主变低压侧引出时，还应在厂用电支路的连接点上装设一组三绕组电压互感器。

（2）6～220kV电压等级的工作母线和备用母线都应装设一组三绕组电压互感器，旁路母线可不装设。

（3）当送电线路需要监视和监测有无电压时，可装设一台单相双绕组或单相三绕组电压互感器。如果电流互感器绝缘套管末屏能抽取电压，则可省去。

4. 电流互感器的配置

（1）凡装有断路器的回路，均应装设电流互感器，其数量应满足测量仪表、保护和自动装置要求。

（2）在未设断路器的下列地点也应装设电流互感器：发电机和变压器的中性点、发电机和变压器的出口、桥形接线的跨条上等。

5. 避雷器的配置

避雷器的配置与配电装置的布置以及避雷器与被保护设备的电气距离等有关。通常配电装置的每组母线上，应装设避雷器；SF_6全封闭电器的架空线路侧必须装设避雷器；变压器中性点和其他地点是否需要配置避雷器，详见有关设计手册。

5.3 短路电流计算

5.3.1 短路电流计算的目的、规定和假设条件

1. 短路电流计算的主要目的

短路是指电网中某一相导体未通过任何负荷而直接与另一相导体或“地”相碰触，是电力系统中常发生的一种故障。形成短路的原因主要有电气设备绝缘的损坏、人员的不正确操作，还有暴风雪、冰雹、地震及动物误碰等。短路发生后，短路处及供电回路流过巨大的短路电流，短路点及邻近地区网络电压大幅度下降，给电网正常运行造成破坏。

短路电流计算的目的主要用于电气设备的选择，保证设备在运行中能够经受短路电流引起的发热和电动力的巨大冲击。同时，为继电保护装置的整定、送电线路对通信设施的影响等提供短路电流数据。

短路过程是一种暂态过程，要精确地计算短路电流是相当复杂的。但在一般工程实用计算中，按照下列规定和假设条件，可以简化计算，并在计算精度允许的范围内。

2. 短路电流计算的一般规定

(1) 接线方式。计算短路电流所用的接线方式，应按可能发生最大短路电流的正常接线方式，而不应按仅在切换过程中可能并列的接线方式。

(2) 计算容量。应按工程的设计规划容量计算，并考虑电力系统的远景发展规划，一般为工程建成后 5～10 年。

(3) 短路种类。短路分为对称短路和不对称短路。三相短路是对称性短路，造成的危害最为严重，其他种类的短路都属于不对称短路。设计时一般按三相短路计算。

(4) 短路计算点。短路计算点的选择应以正常接线方式时短路电流最大为原则。

(5) 短路计算方法。在工程设计中，短路电流计算均采用实用计算法。所谓实用计算法，是指在一定的假设条件下计算出短路电流的各个分量，而不是用微分方程去求解短路电流的完整表达式。

3. 短路电流计算的基本假设条件

(1) 电网中所有电源都在额定出力下运行。

(2) 所有发电机电动势的相位角均相同。

(3) 所用同步发电机都具有自动调整励磁装置（包括强行励磁）。

(4) 系统中所用元件只计入电抗，只有计算短路电流非周期分量的衰减时间常数，或 1kV 以下低压系统短路电流时，才计入电阻的作用。

(5) 不计变压器的励磁电流。

(6) 短路为金属性短路，即不计短路点的阻抗。

(7) 三相系统是对称的。

5.3.2　短路电流的计算步骤和方法

设计时短路电流的计算一般采用运算曲线法，其计算步骤和方法如下。

1. 绘制计算电路图

计算电路图是根据水电厂的电气主接线以及水电厂接入的电力系统网络而绘制的电气接线图，主要供短路电流计算用。

绘制计算电路图时，不考虑负荷电流，即认为网络中所有负荷是与系统断开的。这是因为短路发生时，负荷电流一般会因电压下降而减小，与短路电流相比，可以忽略不计。

此外，计算接线图中要标出各元件的形式和参数，如各电源的机组形式（水轮发电机组或汽轮发电机组）、发电机的容量、功率因数、台数、电压等级、次暂态电抗、变压器的容量、短路阻抗百分比、线路的长度、电压等级等。

2. 选择短路计算点

通常新建工程设计中，均以母线短路时的短路电流作为选择电气设备的依据。因此，设计中短路计算点可以选择以下位置：

（1）升压电压侧母线。

（2）近区供电高压侧母线。

（3）发电机电压侧母线，无母线时选发电机出口。

（4）有高压供电的厂用电高压母线或厂用变出口。

（5）厂用电或近区供电出线加装电抗器以限制短路电流时，则选择电抗器出口（即不考虑电抗器与出线断路器之间短路）。

3. 选定基准值，计算各元件的电抗标幺值

短路电流的计算通常采用标幺值进行计算。标幺值是一种无量纲的相对值，通常取基准容量 $S_b=100\text{MVA}$，而将各电压级的平均额定电压取为基准电压，即 $U_b=U_{av}=1.05U_N$，从而使计算大为简化。

当基准容量 S_b 与基准电压 U_b 选定后，基准电流 I_b 与基准电抗 X_b 便能算出，表 5.5 列出了常用的基准值。

表 5.5　　常用基准值（$S_b=100\text{MVA}$）

基准电压（kV）	3.15	6.3	10.5	13.8	15.75	37	63	115	230
基准电流（kA）	18.33	9.16	5.5	4.18	3.67	1.56	0.917	0.502	0.25
基准电抗（Ω）	0.099	0.397	1.102	1.906	2.48	13.7	39.7	132	529

在实际电力系统接线中，各元件的电抗表示方法不统一，基准值也不一样，需要换算为同一基准值下标幺值。

4. 绘制等值电路图

等值电路图是电力网络的一种简化模型。在短路电流计算的规定和假设条件下，根据计算电路图，可绘制出电力网络等值电路图。

在等值电路图中，用标幺值表示各元件的电抗值，各元件电抗值依序编号 1、2、3、…，并依序填入等值电路图中。

5. 化简等值电路图，求出转移电抗和计算电抗

分别对不同的短路点进行等值电路图简化，最终简化成各个电源与短路点之间都是只经过一个电抗直接相连。这个直连电抗就称为该电源对短路点的转移电抗 $X_{\Sigma''}$。

转移电抗仍然是以 $S_b=100\text{MVA}$ 为基准的标幺值。将各转移电抗分别换算成以各自的电源总容量为基准的标幺值，即为各电源到短路点的计算电抗。

计算电抗的公式为

$$X_{ca}=X_{\Sigma''}\cdot\frac{S}{S_b} \tag{5.8}$$

式中：X_{ca} 为计算电抗；S 为第 i 个电源的总额定容量，MVA。

化简等值电路图时，一般采用网络简化法逐步进行，并注意以下几点。

（1）同一发电厂的电源可以合并为一个等值电源；发电厂类型相同，至短路点电气距离相近（即电抗值相近）时也可合并。由于汽轮发电机和水轮发电机的运算曲线不同，这两种电源不能合并。

(2) 直接接于短路点的发电机一般单独计算，无限大容量的电源也单独计算。当电源至短路点的计算电抗 $X_{ca} \geqslant 3$ 时，即可视为无限大电源，各无限大电源可以合并。

(3) 对于多角形等复杂电路，可以用 Y－Δ 变换法及串并联方法逐步变换，予以简化。

(4) 利用网络的对称性找到等电位点，然后将等电位点连接起来，如果两等电位点之间有电抗，也被短接掉了。

6. 计算三相短路电流的周期分量和短路容量

(1) 无限大电源供给的三相短路电流计算。当供电电源为无限大容量时，可以认为其短路电流周期分量不衰减，即短路电流不衰减。在短路过程中，无限大系统电源电压保持不变，电源相电压的标幺值为 1.0，短路电流标幺值 I'' 的计算公式为

$$I'' = 1/(X_{\sum''}) \tag{5.9}$$

(2) 有限容量电源供给的短路电流计算。有限容量电源系统在短路过程中电源电压是变化的，其短路电流周期分量随时间衰减。工程上常采用运算曲线法求得任意时刻的短路电流周期分量。

运算曲线是一簇反映短路电流周期分量（标幺值）随短路时间 t 和计算电抗 X_{ca} 的不同而变化的曲线，见图 5.2。根据某电源到短路点的计算电抗，查相应的运算曲线，可得到短路后任意时刻该电源供给的短路电流周期分量标幺值。

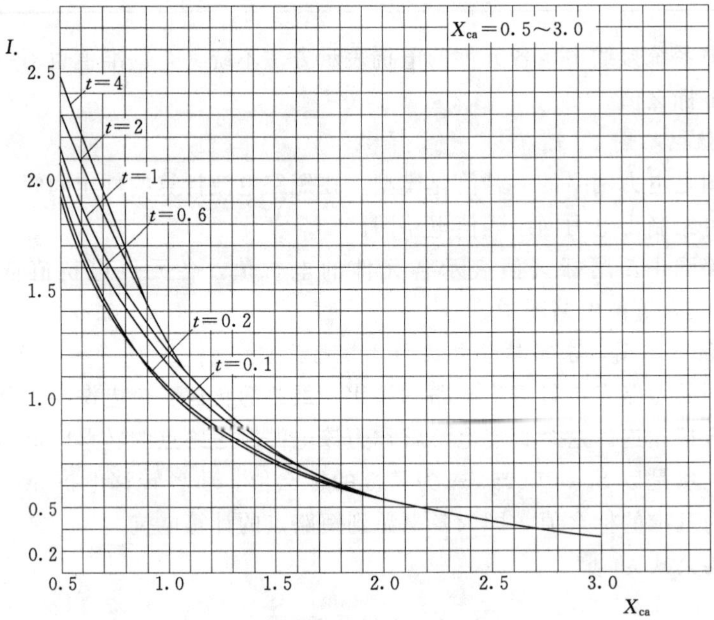

图 5.2　水轮机短路电流运算曲线（X_{ca}＝0.5～0.3）

对于水轮发电机（有阻尼绕组）查曲线时，其电抗应再加 0.07。

需要注意，由运算曲线查出的周期分量标幺值不可以相加，因为它们的基准值不同。

(3) 总的短路电流周期分量有名值的计算。将各电源供给的短路电流标幺值乘以各自

的电流基准值，得到各电源供给的短路电流周期分量有名值，然后将各电源在某同一时刻供给的短路电流有名值相加，便得到短路点某一时刻总的三相短路电流有名值。通常需要计算 0s、0.2s、4s（稳态）的短路电流周期分量有名值，即 I''、$I_{0.2}$、I_{∞}。

（4）短路点短路容量的计算公式为

$$S_k = \sqrt{3} I'' U_b \tag{5.10}$$

式中：S_k 为短路点的短路容量，MVA；U_b 为短路点的基准电压，kV。

表 5.6　冲击系数推荐值

短路点	K_{sh}
发电机端	1.90
发电厂高压侧母线	1.85
远离发电厂的地点	1.80

7. 计算三相短路冲击电流

三相短路电流不仅有周期分量，还有非周期分量。短路电流的最大峰值出现在短路后半个周期，当 $f=50\text{Hz}$ 时，发生在短路后 0.01s，此峰值称为短路点的冲击电流 i_{sh}，其计算式为

$$i_{sh} = \sqrt{2} K_{sh} I'' \tag{5.11}$$

式中：K_{sh}为冲击系数，可按表 5.6 所列选用。

8. 列表整理计算结果

短路电流计算过程较复杂，每个短路点要分别计算，为使计算结果清晰可见，列表整理计算结果，格式参见表 5.7。

表 5.7　短路电流计算结果表

短路点	供给短路电流的电源	额定电压 U_N（kV）	0s 短路电流周期分量 I''（kA）	0.2s 短路电流周期分量 $I_{0.2}$（kA）	稳态短路电流 I_{∞}（kA）	短路冲击电流 i_{sh}（kA）	短路容量 S_k（MVA）
d_1	无限大系统						
	××水电站						
	××火电站						
	⋮						
	合计						
d_2	无限大系统						
	××水电站						
	××火电站						
	⋮						
	合计						
⋮							

5.4 电 气 设 备 选 择

5.4.1 电气设备选择的一般原则

电气设备的选择关系到设备性能的好坏，对电厂今后正常发电影响较大。为了正确地

选择电气设备，必须执行国家的有关技术经济政策，尽量采用新技术，和选用技术经济指标先进的设备，尽量减少同类设备的品种，以减少备品备件。力求做到技术先进、经济合理、安全可靠、运行方便。

电厂实际运行中，无论是正常运行状态还是短路故障状态，电气设备都必须安全可靠地运行。电气设备选择的一般原则是：按正常工作条件选择设备；按短路条件校验其热稳定和动稳定。

5.4.1.1　按正常工作条件选择设备

1. 设备形式的选择

为了适应不同的环境条件，电气设备有很多形式，可分为户外式和户内式，组装式和成套式，还有普通型、防污型、干热带型、湿热型、高原型等。一般按使用环境选择电气设备的形式。设备的环境因素主要有安装地点、海拔高度、温度、湿度、污秽，此外，还应考虑地形、地质条件及地震影响等。布置在户外的电气设备，经常经受风雨、积雪、覆冰、灰尘和周围有害气体等的影响，工作条件比户内电气设备要差得多，应选择户外式。高原地区、海边、盐湖、积雪覆冰严重的地区或严重污染地区，应采用特别绝缘结构的加强型或高一级电压的电气设备。

2. 额定电压

电气设备和载流导体的额定电压 U_N 必须不小于装设地点的电网额定电压 U_{NS}，即

$$U_N \geqslant U_{NS} \tag{5.12}$$

但是限流式熔断器的额定电压只能与电网额定电压相同，若高于电网额定电压，熔断器熔断时产生的过电压将对电网和设备的绝缘造成损坏。

3. 额定电流

电气设备的额定电流 I_N 或载流导体的长期允许电流 I_Y 应不小于所在回路的最大持续工作电流 I_{max}，即

$$I_N(\text{或 } I_Y) \geqslant I_{max} \tag{5.13}$$

正常运行条件下，各回路的最大持续工作电流 I_{max}，按表 5.8 所示的原则计算。

表 5.8　　回路最大持续工作电流 I_{max} 的计算

回路名称		最大持续工作电流 I_{max} 的计算原则
发电机回路		$I_{max}=1.05I_N$
变压器回路		$I_{max}=1.05I_N$，同时考虑变压器实际的过负荷电流
主母线		按潮流分布计算
母线分段或母联断路器回路		一般取母线上最大一台发电机或变压器的最大工作电流
馈线	单回线路	I_{max} 应按工作负荷、线路损耗及事故时转移过来的负荷三者之和来计算
	双回线路	I_{max} 取 1.2～2 倍一回线的正常最大负荷电流
	带电抗器回路	I_{max} 按电抗器的额定电流计算，因其过载能力很小

电气设备的额定电流是指在某一基准环境温度下，电气设备所能允许长期通过的最大工作电流。当使用地的环境温度不同于基准环境温度时，应对其额定电流修正。国标规定，断路器、隔离开关、电抗器等电气设备在环境最高温度为+40℃时，允许按额定电流

持续工作。当环境温度低于+40℃时，每降低1℃，建议额定电流增加0.5%，但总的增加值不得超过额定电流的20%，但在实际中一般不作修正；当环境温度高于+40℃而低于+60℃时，每增加1℃，建议额定电流减少1.8%。

额定电流的修正值也可通过计算得到，即

$$I_0 = I_N \sqrt{\frac{\theta_{a1} - \theta_0}{\theta_{a1} - \theta_N}} \tag{5.14}$$

式中：I_N 为基准环境温度下的额定电流，A；I_0 为实际环境温度下的额定电流，A；θ_{a1}为电气设备的长期允许温度，℃；θ_0 为实际环境温度，℃；θ_N 为基准环境温度，℃。

选择电气设备时所用的环境温度见表5.9。

表5.9　选择电气设备时所用的环境温度

类　别	安装地点	环境温度
裸导体	屋内	最热月平均最高温度
	屋外	该处通风温度，当无资料时，可取最热月平均最高温度加5℃
电器	屋外	年最高温度
	屋内电抗器	该处通风设计最高排风温度
	屋内其他电器	该处通风设计温度，当无资料时，可取最热月平均最高温度加5℃
电缆	电缆沟、电缆隧道	可取最热月平均最高温度

5.4.1.2 按短路条件校验

1. 短路热稳定校验

电气设备通过电流后，由于各种损耗会引起发热，使设备温度升高，同时又以对流和辐射方式向周围散发热量。当发热和散热达到平衡时，温度趋于稳定，不再升高。正常运行时，电气设备长期流过负荷电流，属长期发热。由于电气设备材料的力学性能和绝缘性能不仅取决于温度高低，而且决定于被加热的时间。因此，长期发热的最高允许温度不是很高。一般铝和铜的长期允许发热温度为70℃，如果加强导体连接部分的接触导电性能，能使允许温度提高一些。设计时保证电气设备的额定电流不小于所在回路的最大持续工作电流，正常运行中电气设备温度就不会超过长期允许发热温度。

电力系统发生短路时，电气设备流过比正常负荷电流大许多倍的短路电流，这时，设备的温度就会急剧地上升，由于电力系统都装设了继电保护装置，在短时内把短路电流切除，因而发热的时间很短，因此称为短时发热。相对于长期发热，短时发热的最高允许温度较高，硬铝及铝锰合金可取200℃，硬铜可取300℃。

短路热稳定校验，可以根据热量平衡方程式来求出电气设备上升到的最高温度，使其不超过允许值，但这样计算工作量非常大。工程中常采用实用计算法：①对导体，用最小热稳定截面与实际导体的截面作对比，如果实际导体的截面不小于最小热稳定截面，说明满足热稳定的条件。反之，说明不满足热稳定的条件，应采用截面积更大的导体；②对设备，要求短路电流通过其内部产生的热效应不应超过设备允许承受的热效应，即

$$I_t^2 t \geqslant Q_k \tag{5.15}$$

式中：$I_t^2 t$ 为电气设备允许热效应，$kA^2 \cdot s$；I_t 为设备允许通过的热稳定电流有效值，A；t 为设备允许通过的热稳定电流时间，s；Q_k 为设备所在回路的短路电流热效应，$kA^2 \cdot s$。

2. 短路动稳定校验

位于磁场中的载流导体会受到电动力的作用，正常运行时，由工作电流产生的电动力数值非常小，对导体不会造成破坏。短路时，导体中流过数值很大的短路电流，由此产生的电动力可能达到很高的数值，有可能造成导体变形或结构损坏。因此，需要计算出在短路冲击电流作用下载流导体所承受的电动力，进行导体或设备的动稳定校验。

电动力的大小与设备通过的电流、设备的现状和布置形式等有关。在电动力的作用下，设备会振动，由此要避免产生危险的共振。动稳定校验应针对电动力可能给设备造成损坏的具体情况进行计算，方法各异。但对于定型电气设备，厂家一般直接给出设备允许的动稳定峰值电流。因此，动稳定条件为

$$i_{max} \geqslant i_{sh} \tag{5.16}$$

式中：i_{sh} 为设备所在回路的短路冲击电流，kA；i_{max} 为设备允许的动稳定电流（峰值），kA。

3. 短路电流的计算条件

短路电流的热效应和电动力均与短路电流的平方成正比。为使所选电气设备具有足够的可靠性、经济性和合理性，并在一定时期内能适应电力系统发展的需要，作验算用的短路电流必须是实际可能通过该设备的最大短路电流，而且要按 5～10 年远景规划的系统容量和可能发生最大短路电流的正常接线作为计算条件。验算热稳定的短路计算时间为继电保护动作时间与相应断路器全开断时间之和。计算短路点应选择通过电气设备的短路电流为最大的那些点，可先考虑分别在电气设备前后短路时的短路电流，同时要注意，流过所要校验设备的短路电流并不都等于流到短路点的总短路电流。

5.4.2　高压断路器的选择

高压断路器是水电厂最重要的开关设备，它既可以在正常情况下接通或断开电路，又可以在故障情况下自动地迅速断开电路。断开电路时会在断口处产生电弧，为此断路器设有专门的灭弧装置，能断开比正常电流大几十倍的短路电流。

断路器有户内式和户外式两种。按灭弧介质又可分为少油断路器、多油断路器、压缩空气断路器、SF_6 断路器、真空断路器等。多油断路器基本被淘汰，少油断路器的使用也逐渐减少，目前 6～35kV 一般选用真空断路器，35～500kV 选用 SF_6 断路器。

选择断路器时，按照电气设备选择的一般原则，首先选择断路器的形式、额定电压和额定电流，再校验断路器的热稳定和动稳定。此外，还要校验断路器的开断能力，要求在开断短路电流的瞬间其短路电流总有效值不大于厂家规定的额定开断电流。由于短路电流的非周期分量衰减很快，断路器在开断短路电流时其值已较小。因此实用计算中，开断条件为断路器在开断短路电流的瞬间，其短路电流周期分量有效值要不大于厂家规定的额定开断电流。断路器实际开断时间为继电主保护动作时间与断路器固有分闸时间之和。

5.4.3　隔离开关的选择

隔离开关（俗称刀闸）的主要用途是将需要检修部分与带电部分可靠地隔离，并形成

明显的断开点，以保证检修安全。隔离开关没有灭弧装置，因此不能用于切断负荷电流或短路电流，否则，在高电压作用下，断开点将产生强烈电弧，并很难自行熄灭，甚至可能造成飞弧（相对地或相间短路），烧损设备，危及人身安全，这就是所谓“带负荷拉隔离开关”的严重事故。隔离开关可以接通或断开一些小电流电路，如电压互感器、避雷器、空载变压器、空载母线、空载短线路等的投切操作。

选择隔离开关时，仍按照电气设备选择的一般原则进行，内容包括：①选择形式；②选择额定电压；③选择额定电流；④校验热稳定；⑤校验动稳定。

隔离开关的形式很多，按安装地点可分为户内式和户外式；按极数可分为单极和三极；按支持瓷柱数目可分为单柱式、双柱式和三柱式；按闸刀运动方式可分为水平旋转式、垂直旋转式、摆动和插入式等。根据隔离开关操作控制的要求，屋内式8000A以下隔离开关一般采用手动操作方式；220kV及以上高位布置的隔离开关，宜采用电动和液压操作方式。另外，为了检修设备时便于接地，35kV及以上电压等级的户外式隔离开关还可以根据要求配置接地刀闸。

5.4.4 母线的选择

母线是用来汇集、分配和传输电能的。发电厂的母线分为发电机出口母线、发电机电压（汇流）母线和升高电压（汇流）母线。

母线的选择原则如下：

1. 形式

母线的常用材料有铜、铝、铝合金，一般使用铝或铝合金材料，只有当母线持续工作电流大且位置特别狭窄或腐蚀严重的场所，才使用铜材料。

母线分硬母线和软母线两种。常用硬母线的截面形状有矩形、槽形和管形；软母线是钢芯铝绞线，有单根、双分裂和组合导线等形式。发电机电压母线通常采用硬母线，升高电压（汇流）母线以前常采用软母线，现在35～500kV采用管形硬母线。20kV及以下且母线工作电流不大于4000A时，宜选用矩形母线；在4000～8000A时，一般选用槽形母线；8000A以上时选用管形母线或钢芯铝绞线构成的组合导线。

2. 母线截面积的选择和校验

发电厂的主母线和引下线以及持续电流较小、年利用小时数较低的导线，一般按最大长期工作电流选择母线截面积。具体规定为，母线的最大持续工作电流应不大于母线的长期允许载流量。而发电厂出口母线，以及年平均负荷较大、且长度较长的回路导线，则应按经济电流密度选择母线截面积。

母线截面积选择后，需进行热稳定和动稳定校验，但软母线不需要校验动稳定。对于110kV及以上的母线应进行电晕电压校验。

5.4.5 电流互感器的选择

电流互感器（通常称为TA）是将电力系统一次设备的大电流变成小电流，供测量、控制和保护用。在所有支路，均应按测量和继电保护要求装设相应的电流互感器。本设计要求对发电机出口侧、变压器出口侧、高压线路侧、近区升压侧和厂用电高压侧装设的电流互感器，进行选择设计。

电流互感器的选择原则如下：

1. 形式选择

电流互感器有很多种类，需根据安装的场所和使用条件，相应选择户内式或户外式电流互感器。一般情况下，35kV 以下为户内式，而 35kV 及以上为户外式或装入式（装入变压器或断路器内部）。

2. 额定电压和额定电流选择

电流互感器的额定电压应不小于装设回路所在电网的额定电压。电流互感器的一次额定电流应不小于装设回路的最大持续工作电流。电流互感器的二次额定电流，可根据二次负荷的要求分别选择 5A 或 1A。当电流互感器用于测量时，其一次额定电流应尽量选择得比回路正常工作电流大 1/3 左右，以保证测量仪表的最佳工作状态，并在过负荷时仪表有适当的指示。

3. 准确度选择

电流互感器的准确度应符合其二次测量仪表、继电保护等的要求。用于电能计量的电流互感器，准确度不应低于 0.5 级，500kV 宜用 0.2 级；用于电流电压测量的，准确度不应低于 1 级，一般测量可用 3.0 级。

4. 校验二次负荷的容量

为了保证电流互感器安全可靠地工作，不但准确度要符合要求，电流互感器的二次负荷容量应不超过允许的最大负荷（即电流互感器的二次额定负荷）。电流互感器的二次负荷包括二次测量仪表、继电器电流线圈、二次电缆等。当电流互感器的二次负荷不平衡时，应按最大一相的二次负荷校验。

5. 热稳定和动稳定校验

电流互感器的热稳定能力用热稳定倍数表示，热稳定倍数越大，越有利于热稳定。动稳定校验包括内部动稳定校验和外部动稳定校验。内部动稳定也用动稳定倍数表示，动稳定倍数越大，越有利于内部动稳定。外部动稳定主要校验电流互感器出线端受到的短路作用力不超过允许值，避免出线端瓷绝缘损坏。

5.4.6　电压互感器的选择

电压互感器（又称 PT）是将高电压变成低电压，供测量、继电保护和自动装置用。一般在发电机出口装设两组电压互感器，其中一组为双绕组电压互感器，供励磁调节装置用，另一组为三绕组电压互感器，供同期、测量、保护装置用。6～220kV 电压等级的工作母线和备用母线均装设一组三绕组电压互感器。

电压互感器的选择原则如下：

1. 形式选择

电压互感器主要有电磁式和电容分压式两种。根据安装地点和用途，确定电压互感器的安装方式、绝缘结构、相数和绕组数目。一般 35kV 及以下的配电装置常采用油浸式绝缘或树脂浇注绝缘的电磁式电压互感器；110kV 及以上的配电装置应尽量选用电容式电压互感器。接在 110kV 及以上线路的电压互感器，当线路上装有载波通信时，应尽量与耦合电容结合，统一选用电容式电压互感器。

2. 额定电压选择

电压互感器一次绕组的额定电压应与安装处电网额定电压相同，二次绕组的额定电压应满足测量、控制及保护的要求。通常，当一次绕组接于电网线电压上时，二次绕组额定电压选为100V；当一次绕组接于相电压上时，二次绕组额定电压选为$100/\sqrt{3}$V。当电网为中性点直接接地系统时，附加二次绕组（或开口三角绕组）额定电压选为100V；当电网为中性点非直接接地系统时，附加二次绕组额定电压选为100/3V。

3. 准确度和容量选择

电压互感器的准确度应符合其二次测量仪表、继电保护等的要求。用于电能计量，准确度不低于0.5级；用于电压测量，准确度不应低于1级；用于继电保护，准确度不应低于3级。电压互感器的型号和准确度确定后，与此准确度级对应的额定容量即已确定。为了保证互感器的准确度，电压互感器二次侧所带负荷的实际容量不能超过此额定容量。

电压互感器不校验热稳定和动稳定，但对其接入系统有一定要求。通常，35kV及以下的电压互感器，其一次绕组要经过隔离开关和带有限流特性的熔断器接入系统；110kV及以上的电压互感器，一般不装熔断器，直接经隔离开关接入系统；380kV的电压互感器可经熔断器直接接入电网，而不用隔离开关。

5.4.7 限流电抗器的选择

在选择电气设备时，会因短路电流太大而不能采用价格便宜的轻型开关电器和较小截面的导线，甚至无法选到合乎要求的设备。解决该问题的措施之一，就是装设限流电抗器，限制短路电流。限流电抗器一般装设在发电机母线分段处或送电出线上。

限流电抗器的选择内容包括：①选择额定电压；②选择额定电流；③选择电抗百分值；④校验电压损失；⑤校验残余电压；⑥校验热稳定；⑦校验动稳定。

限流电抗器的选择遵循电气设备选择的一般原则。由于电抗器的过载能力很小，选择额定电流时应有适当裕度。

选择电抗器电抗百分值，实质上就是选择电抗器的电抗值。正常运行时，电抗器的电压降落称为电抗器的电压损失，为了保证供电质量，一般要求正常工作时电抗器的电压损失百分值小于5%。发生短路时，由于电抗器具有较大的电抗，使得电抗器前的电压较高，这时电抗器前的电压称为残余电压。为了减少短路的影响，一般要求残余电压不低于电网额定电压的60%。因此，在确定电抗百分值时，首先按照限制短路电流的要求初步选择电抗百分值，然后进行电压损失和残余电压的校验，若校验不合格，要重新选择电抗器，直到符合要求为止。

5.4.8 高压熔断器的选择

熔断器是用于保护短路和过负荷的最简单的电器。但其容量小，保护特性较差，一般仅适用于35kV及以下的电压等级，在发电厂主要用于电压互感器的短路保护。

保护电压互感器的高压熔断器，按额定电压和断流容量选择。一般选用RN2型，其额定电压应不小于所在电网的额定电压（但限流式则只能等于电网电压），其额定开断电流应不小于三相短路电流周期分量起始值。

最后，为使设备选择结果清晰可见，绘制电气设备明细表，格式参见表 5.10。

表 5.10　　　　　　　　　　　　　电气设备明细表

设备名称	安装位置	型号	额定电压	台数	其他技术数据	附注
变压器	主变压器					
	近区变压器					
	厂用变压器					
断路器	发电机出口					
	⋮					
隔离开关	110kV 线路					
	⋮					
母线	发电机出口					
	⋮					
电压互感器	发电机出口					
	⋮					
电流互感器	110kV 线路					
	⋮					
高压熔断器						
消弧线圈	发电机中性点					
	⋮					
限流电抗器	厂用电高压出线					
	⋮					

第6章

厂 房 布 置

水电站厂房设计包括布置设计与结构设计。布置设计是在初设前完成的。厂房布置设计涉及水（水工建筑物）、机（水力机械）、电（电气设备）、土木（房屋建筑）等多专业知识。当机组容量、数量和形式确定后，要进行厂房布置设计，以此确定厂房轮廓尺寸（长、宽、高）。

6.1 水电站厂房简介

6.1.1 水电站厂房的功用

水电站厂房是将水能转换为机械能，机械能再转变为电能的场所，是水电站枢纽主要建筑物之一。厂房的任务是将水流平顺引入和送出水轮发电机组，能可靠、经济地输出电能。厂房的职能是将主要的机电设备及各种辅助设备有机地布置在合适的位置，并提供良好的运行条件和安装检修条件。

6.1.2 水电站厂房的组成

6.1.2.1 厂房建筑物组成

水电厂厂区枢纽（或称厂区），通常由主厂房、副厂房、主变压器场和高压开关站等组成，图 6.1 给出了湖南镇水电站引水式厂房的总体布置。

主厂房：布置水轮发电机组的厂房。

副厂房：用来布置各种电气设备、辅助设备与运行管理人员必要的工作室、生活室的建筑物，它位于主厂房的附近。

主变压器场：布置升压变压器的场所。主变压器将发电机发出电的电压升高，以降低远距离输电的电能损耗。

高压开关站：布置高压开关、高压母线和防雷接地保护装置的场所。

小型水电站往往将主变压器和高压开关站布置在一起，总称为升压开关站。

6.1.2.2 厂房的机电设备

为了安全地完成变水能为电能并向电网或用户供电的任务，水电站厂房内配置了一系列的机械、电气设备，它们可以归纳为以下 5 大系统。图 6.2 给出了这 5 大系统的示意图。

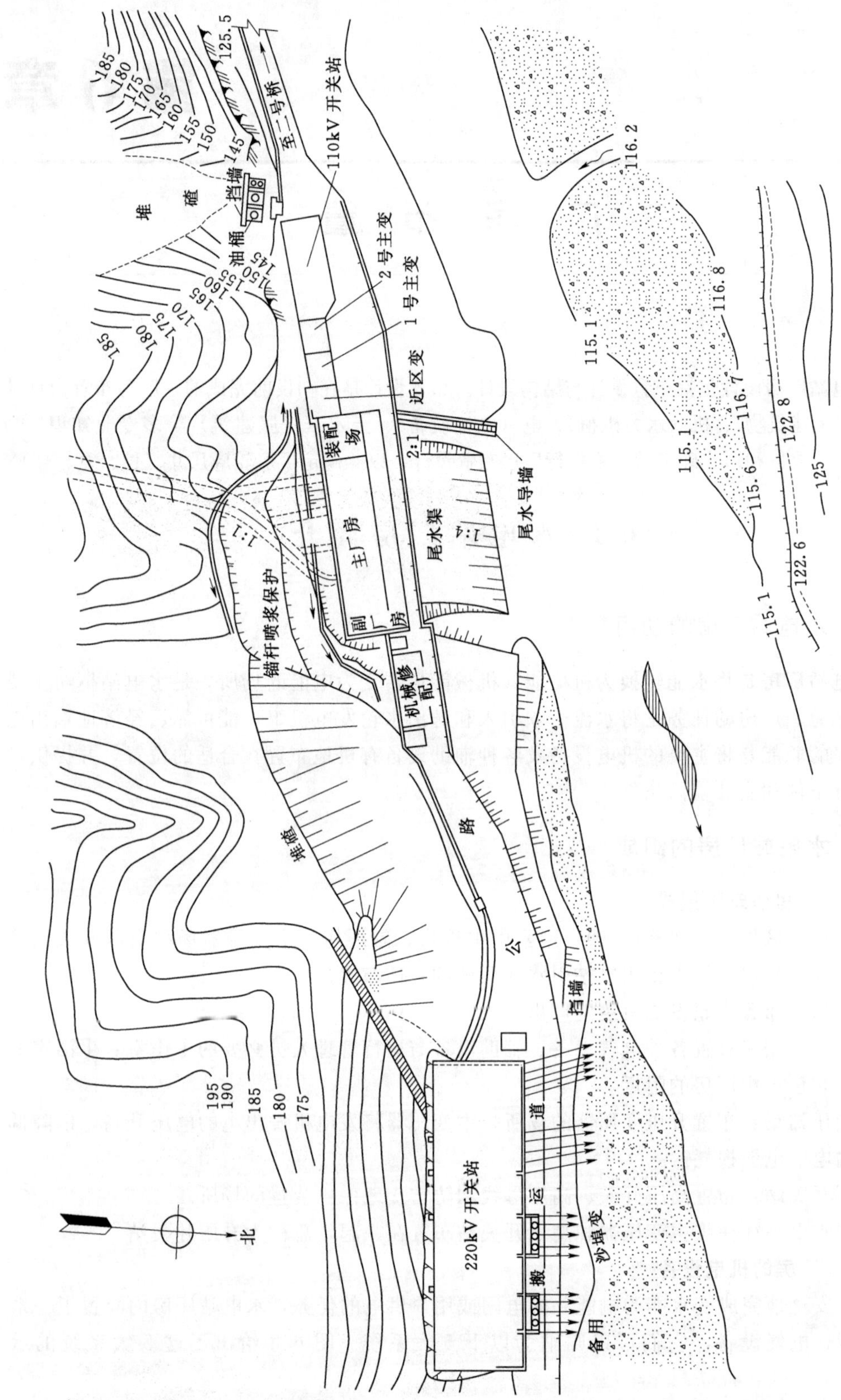

图 6.1 湖南镇水电站（引水式）厂房总体布置

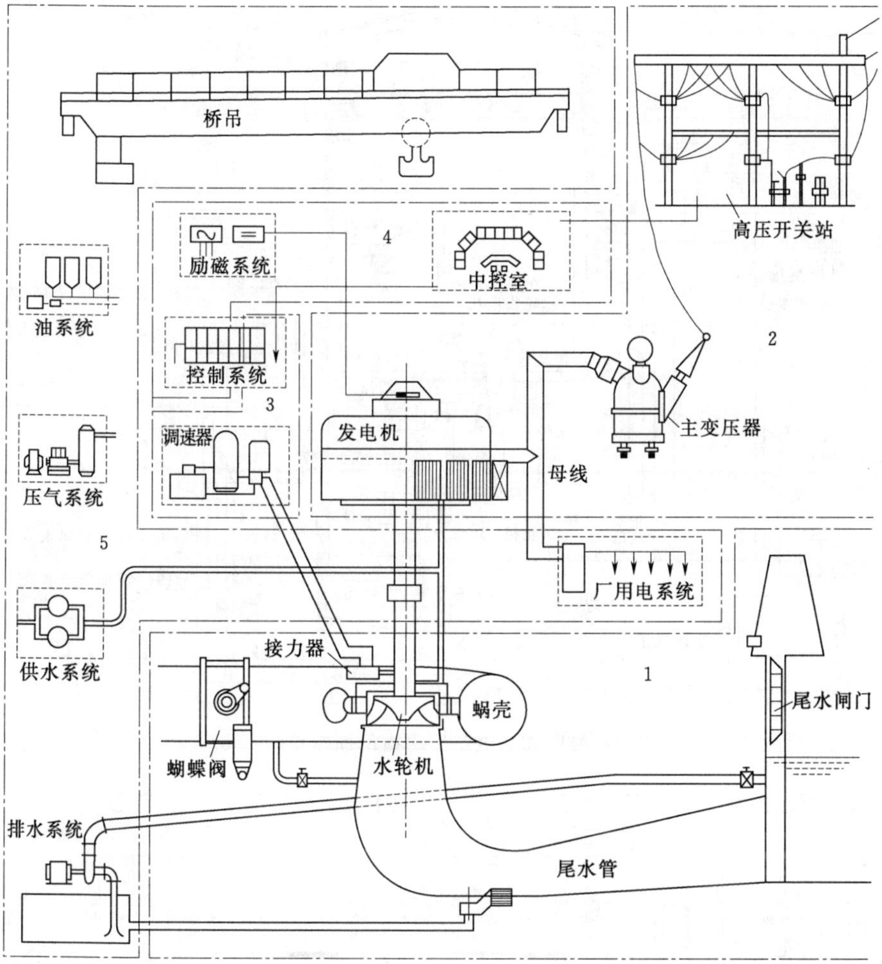

图 6.2 主要机械、电气设备示意图

1—水力系统；2—电流系统；3—机械控制系统；4—电气控制设备系统；5—辅助设备系统

(1) 水力系统。即水轮机及其进出水设备，包括钢管、水轮机前的蝴蝶阀（或球阀）、蜗壳、水轮机、尾水管及尾水闸门等。

(2) 电流系统。即所谓电气一次回路系统，包括发电机、发电机引出线、母线、发电机电压配电设备、主变压器、高压开关及配电设备等。

(3) 机械控制系统。包括水轮机的调速设备，如操作柜、油压装置及接力器，蝴蝶阀的操作控制设备，减压阀或其他闸门、拦污栅等的操作控制设备。

(4) 电气控制设备系统。包括机旁盘、励磁设备系统、中央控制室、各种控制及操作设备，如互感器、表计、继电器、控制电缆、自动及远动装置、通信及调速设备等。

(5) 辅助设备系统。即为设备安装、检修、维护、运行所必需的各种电气及机械辅助设备，包括以下内容。

1) 厂用电系统：厂用变压器、厂用配电装置、直流电系统。

2) 起重设备：厂房内外的桥式起重机、门式起重机、闸门启闭机等。

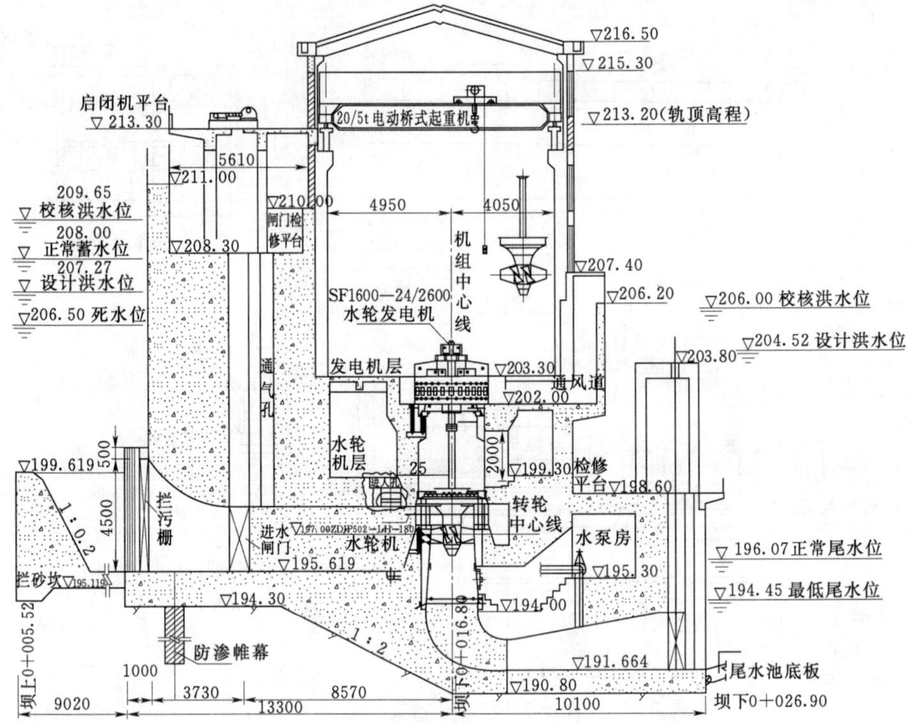

图 6.3 河床式水电站厂房横剖面（单位：m）

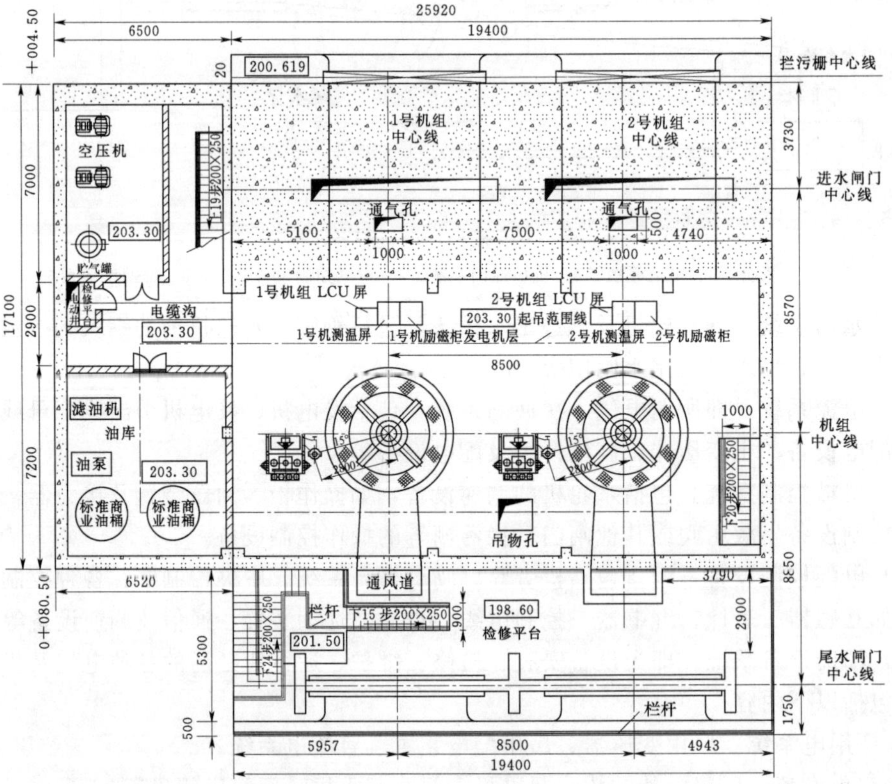

图 6.4 河床式水电站厂房发电机层平面布置（单位：m）

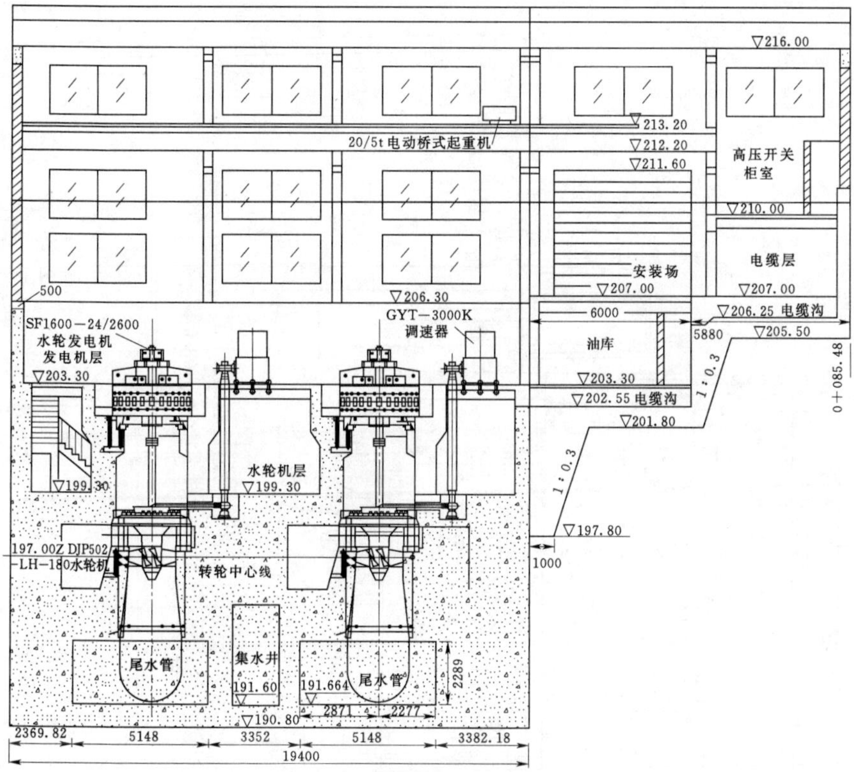

图 6.5 河床式水电站厂房纵剖面（单位：m）

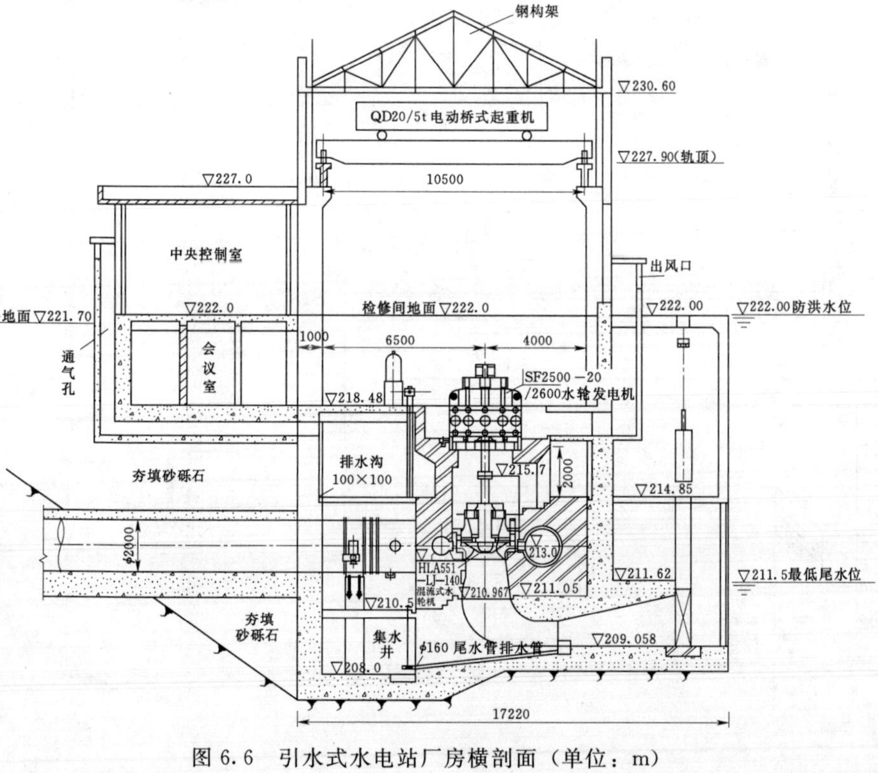

图 6.6 引水式水电站厂房横剖面（单位：m）

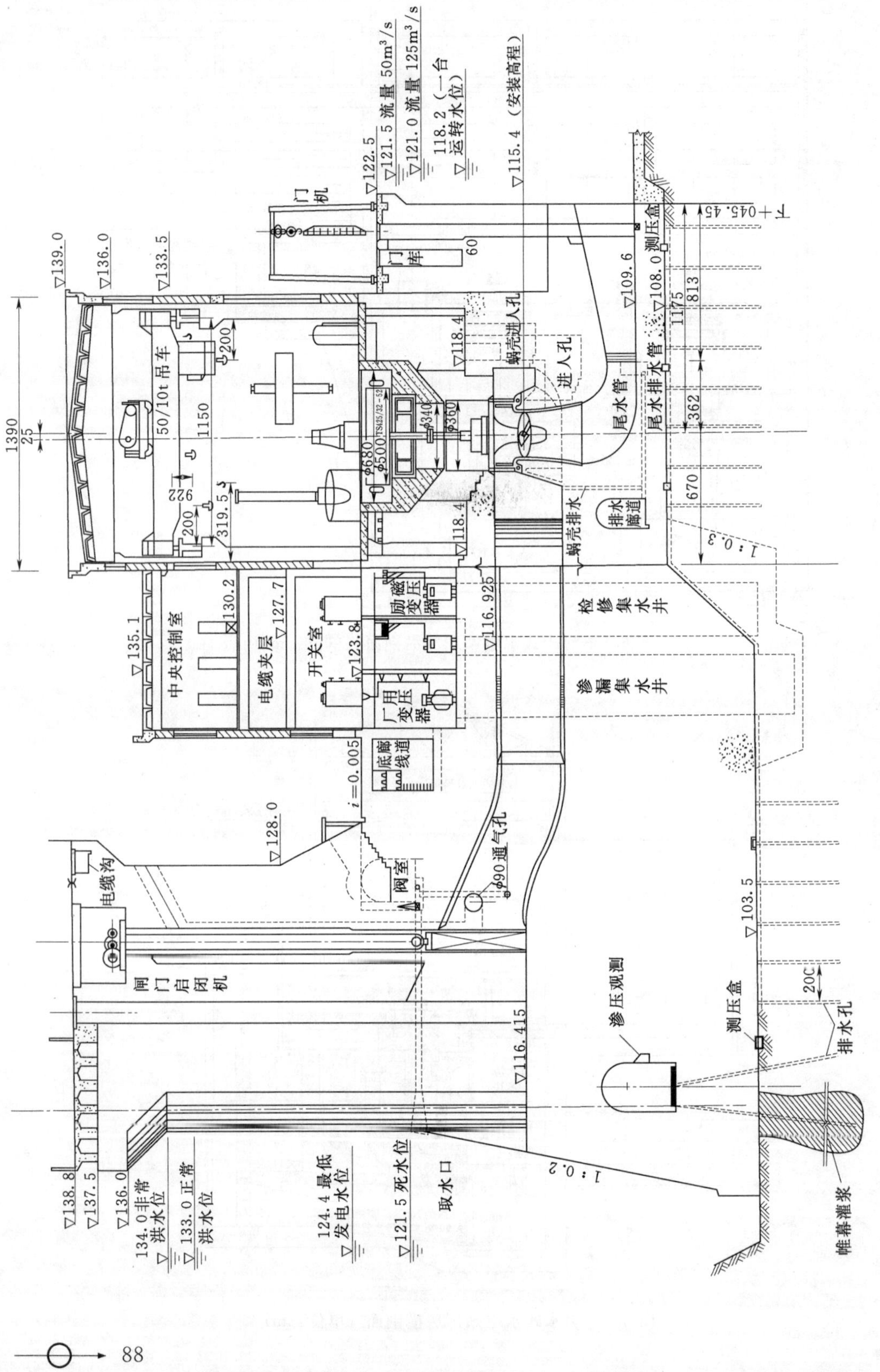

图 6.7 大黑汀渠首水电站厂房横剖面（单位高程 m；其他 cm）

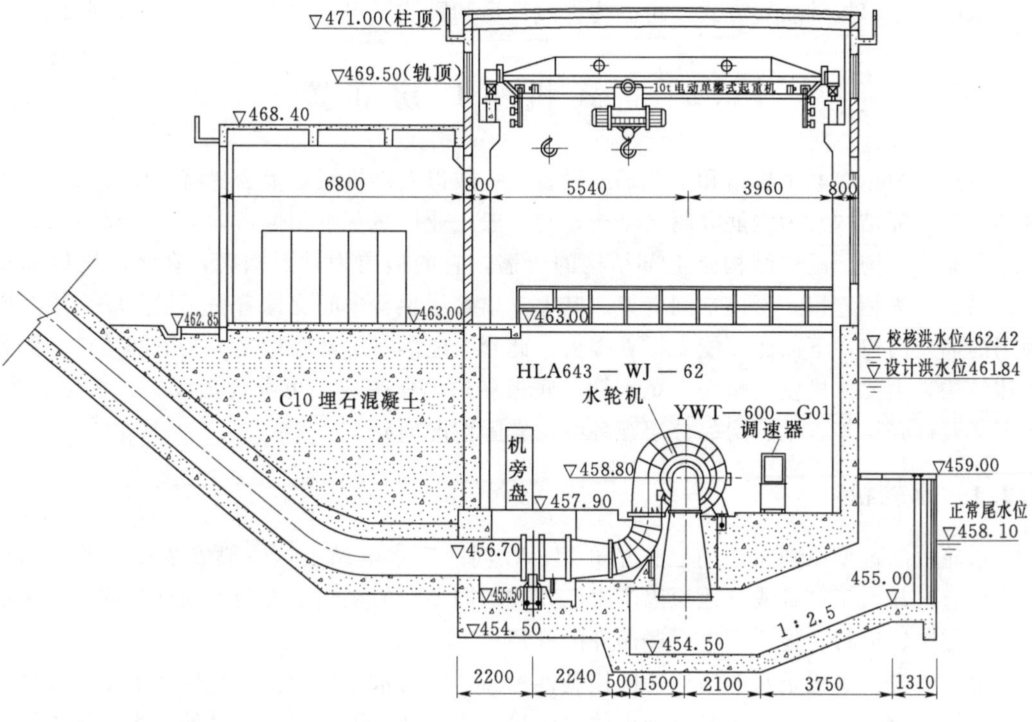

图 6.8 卧式机组厂房横剖面

3）油系统：透平油及绝缘油的存放、处理、流通设备。

4）气系统：高低压压气设备、储气罐、气管等。

5）水系统：技术供水、生活供水、消防供水、渗漏排水、检修排水等。

6）其他：包括各种电气及机械修理室、试验室、工具间、通风采暖设备等。

6.1.3 水电站厂房的基本类型

按水电站厂房在水电站枢纽中的位置及其结构特征，与水能开发方式相对应，厂房可分为以下 3 种基本类型。

1. 河床式水电站

厂房建在河床中，是挡水建筑物的一部分。其特点是：引水道短，可直接从坝前引水发电，厂房占据了部分河床，会影响其他建筑物的布置，如图 6.3～图 6.5 所示。一般为低水头水电站所采用，如将机组放在溢洪坝的闸墩内，则称为闸墩式厂房。

2. 引水式水电站

厂房离开坝一定距离，位于引水系统的末端。发电用水由引水建筑物、压力水管引入厂房，如图 6.6 所示。

3. 坝后式水电站

厂房位于拦河坝的下游侧，紧靠坝后，厂房本身不承受上游水压力，厂坝间设永久缝。发电用水自坝前进水口，流经坝内压力水管到厂房内水轮机，引水道短。图 6.7 给出了大黑汀渠首坝后式水电站厂房横剖面。若将厂房布置在坝体空腹内，则称坝内式厂房。

水电站厂房按轴装置方式，可分为立式厂房和卧式厂房，如图 6.3、图 6.8 所示。

6.2 立式机组厂房布置

主厂房中布置着主机组和主要辅助设备。一般以发电机层地板为界将厂房分为上、下两部分。上部结构常为钢筋混凝土结构，与一般工业厂房基本相似，即构架、梁、板、柱和吊车梁等结构。厂房结构是上部结构的骨骼，它的横向为Ⅱ形构架，在纵向则以联系梁、吊车梁等相连接，形成空间骨架。其上支撑着屋顶，中间支撑着吊车梁及联系梁，四周围的墙及门窗，下面还可能支撑着楼板。此骨架座落在下部结构之上。下部结构一般为块体结构，主要由机座、蜗壳、尾水管、底板和边墙所组成。可分为出线层、水轮机层、主阀层及蜗壳层等。主厂房的分层视各电站实际情况而异。

6.2.1 水轮机

水轮机的选型原则在之前已作了介绍。在同一座水电站上，一般安装相同型号的机组，但有时却由于订货或其他原因不得已安装不同型号的机组。安装不同型号的机组常给设计、安装、运行、检修带来一些额外的麻烦。

水轮机安装高程是水电站厂房的控制性标高，它与水轮机的空化特性和电站下游尾水位有关，应综合考虑运行工况范围内的水轮机空化特性、下游可能的最低尾水、尾水管出口断面顶缘的淹没深度等多方面因素，保证在最不利工况下都能安全稳定运行。

中、高水头水轮机一般采用金属蜗壳；低水头水轮机通常采用钢筋混凝土蜗壳。金属蜗壳常埋入厂房下部的混凝土块体中，以防止蜗壳振动，并由混凝土承受部分不平衡的作用力。

立轴反击式水轮机大多采用弯肘形尾水管。尾水管尺寸由制造厂提供，有时可根据厂房布置的需要，在一定范围内适当改变其尺寸。为了减少开挖，可让弯肘形尾水管的水平扩散段和地板向上倾斜一个角度（不大于 10°），但应保证尾水管出口端面顶部在最低尾水位以下一定深度（不小于 0.5m），水平段也可适当延长。

6.2.2 水轮发电机

水轮发电机的形式、冷却方式、布置方式、机墩形式对立式机组厂房的布置有较大的影响。

根据推力轴承的位置，竖轴水轮发电机可分为悬式和伞式两种。悬式水轮发电机的推力轴承位于上机架上，整个水轮发电机的转动部分是悬吊着的。它的优点是推力轴承损耗小，装配方便，运行较稳定；缺点是上机架尺寸大，机组较高，消耗钢材多。转速在 150r/min 以上的水轮发电机一般为悬式。伞式水轮发电机的推力轴承设在下机架上，好似伞把支撑着机组的转动部分。它的优点是上机架轻便，可降低机组高度（及厂房高度），节省钢材，检修发电机时可不拆除推力轴承，从而缩短检修时间；缺点是推力轴承直径较大，易磨损，设计制造复杂。有时将推力轴承设于水轮机顶盖支架上，称为低支撑伞式水轮发电机。转速在 150r/min 以下的大容量机组常为伞式。

水轮发电机的冷却方式有开敞式、密闭式与管道式 3 种，如图 6.9、图 6.10 与图 6.11 所示。

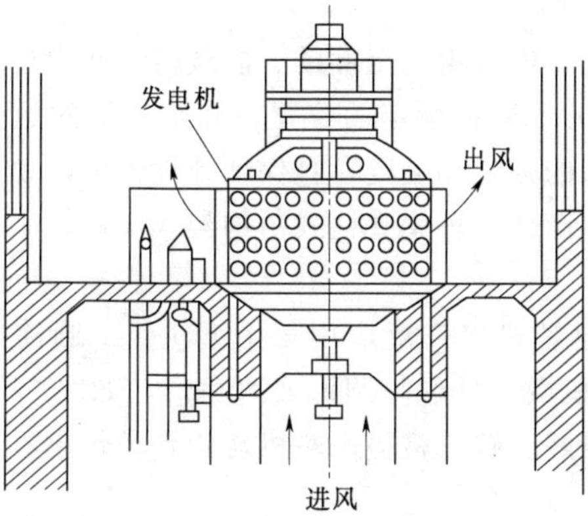

图 6.9 开敞式通风布置

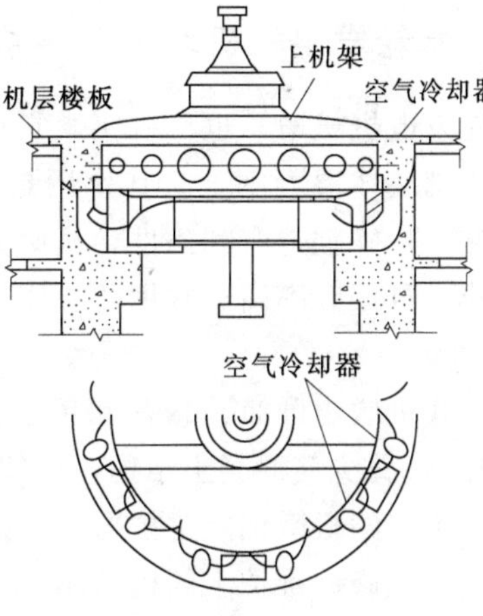

图 6.10 密闭式通风布置

水轮发电机的布置方式有露出式、埋入式与半岛式。

1. 露出式

发电机定子完全露出发电机层楼板之上，如图 6.12 (a) 所示。只有开敞式通风的小型发电机才采用定子外露式布置。

2. 埋入式

发电机定子，有时包括上机架全部或部分放在发电机层地板高层以下，如图 6.12 (b) 所示。发电机冷却方式采用管道式或密闭式。埋入式布置，发电机层宽敞、明亮，便于布置各种附属设备，也便于设备吊运、安装和检修，目前水电站多用这种布置方式。

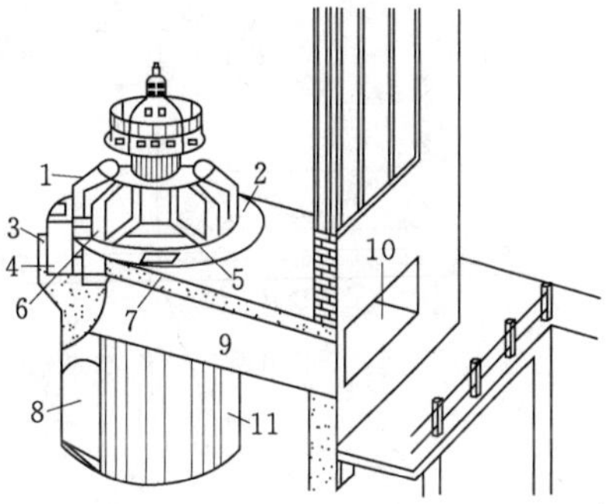

图 6.11 发电机的风道通风布置

1—发电机上机架；2—风道盖板；3—风罩墙；4—风道；5—冷风入口；6—定子支架；7—发电机层楼板；8—机墩入口；9—风道墙；10 风道出口；11—机墩

3. 半岛式

主厂房一侧只有水轮机层，而无发电机层，另一侧两层皆有，如图 6.12 (c) 所示。在发电机层上布置电气设备，在其楼板之下布置引出线，在水轮机层布置调速器。这种布置方式可降低厂房高度，但却带来设备拥挤、运行不便的缺点。目前，已很少采用这种布置方式。

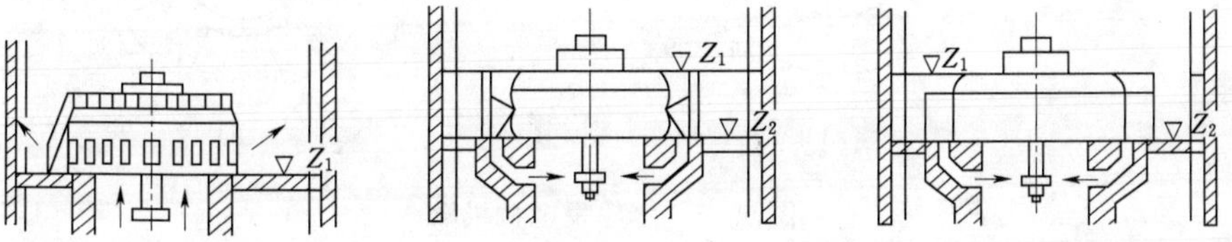

图 6.12 发电机在主厂房中的布置

(a) 露出式；(b) 埋入式；(c) 半岛式

6.2.3　水轮发电机机墩

水轮发电机机墩，也称机座，它承受水轮发电机组的全部动、静载荷，并通过机墩传到厂房下部块体混凝土上。其作用是将发电机支撑在预定的位置，并给机组的运行、维护、安装、检修创造有利条件。机墩要有足够的强度和刚度，且保证弹性稳定，动力作用下振幅小，自振频率高。常用的机座形式有圆筒式、环梁立柱式与构架式 3 种。

1. 圆筒式机墩

圆筒式机墩由圆筒、悬臂和风罩组成，这种机座广泛应用于中型机组。圆筒壁厚在 1.5m 以上，属少筋混凝土结构，中间为圆形机墩，外形呈圆形或八角形，如图 6.13（a）所示。该类型的机墩优点是抗振、抗扭性能较好。缺点是当水轮机转轮直径较小时，在机墩内安装、检修、维护水轮机较不方便。

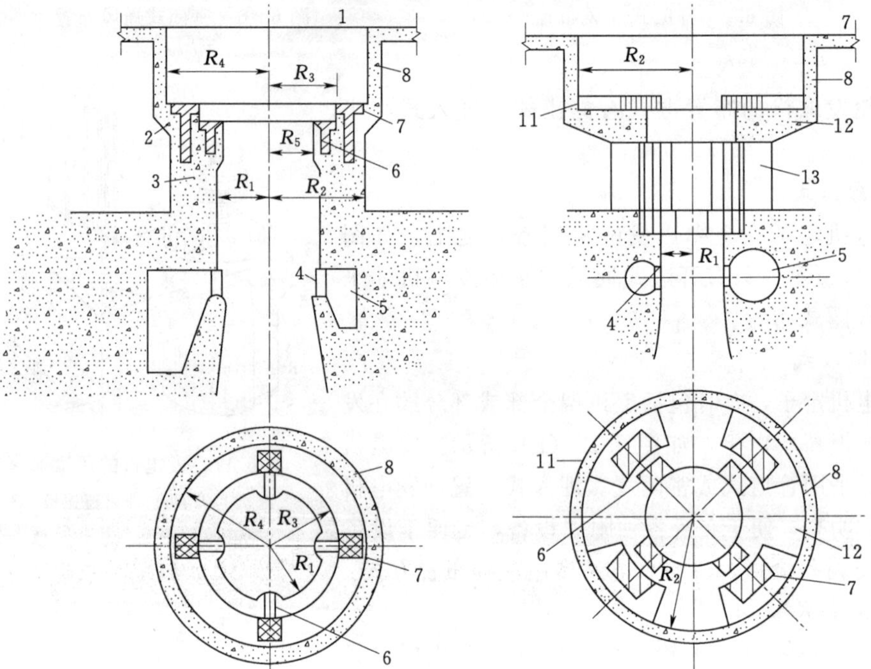

图 6.13　水轮发电机机墩

(a) 圆筒式机墩；(b) 环梁立柱式机墩

1—楼板；2—悬臂；3—圆筒；4—固定导叶；5—蜗壳；6—下机架螺栓预留孔；7—定子螺栓预留孔；8—风罩；9—进人孔；10—接力器空洞；11—定子螺栓基础；12—环形梁；13—立柱

圆筒式机墩内径 R_1 不小于水轮机座环内半径，以保证机墩内壁坐落在水轮机座环上。机墩外半径 R_2 应根据发电机定子螺栓的位置来确定，以保证通过定子螺栓传到机墩的载荷偏心不至于过大，并同时满足螺栓预留二期混凝土尺寸。R_5 则由下机架固定螺栓预留孔二期混凝土尺寸决定，若基础尺寸不够，可由机墩内壁局部挑出一牛腿，以扩大基础。但 R_5 必须大于水轮机的转轮半径，若有水轮机转轮与顶盖吊装要求，R_5 必须大于顶盖半径。风罩壁内半径 R_4 由通风冷却方式确定。风罩壁厚为 0.2～0.5m，小型机组为 0.15～0.3m。机墩高度则取决于水轮机层设备高度要求及机组轴长，并考虑到水轮机层的净空高度不低于 3.0～3.5m。

2. 环梁立柱式机墩

其由环梁和立柱组成，如图 6.13（b）所示。发电机坐落在环梁上，柱足固结在蜗壳混凝土上，并将载荷传至下部块体结构。优点是混凝土用量少，水轮机顶盖处比较宽敞，设备的布置、安装、维护和检修比较方便。缺点是抗扭、抗振性能比圆筒式差，结构刚度较小。一般用于小型机组。

3. 构架式机墩

其由两个纵向钢架和两根横梁组成，如图 6.14 所示。发电机支撑在框架的梁系上，并由蜗壳外围混凝土传至下部块体结构。其优、缺点大致和环梁立柱式机墩相同，但刚度和抗振性能比环梁立柱式差。机墩纵横梁间的净距 D_1 应大于水轮机转轮直径而小于发电机转子直径。一般适用于小型机组。

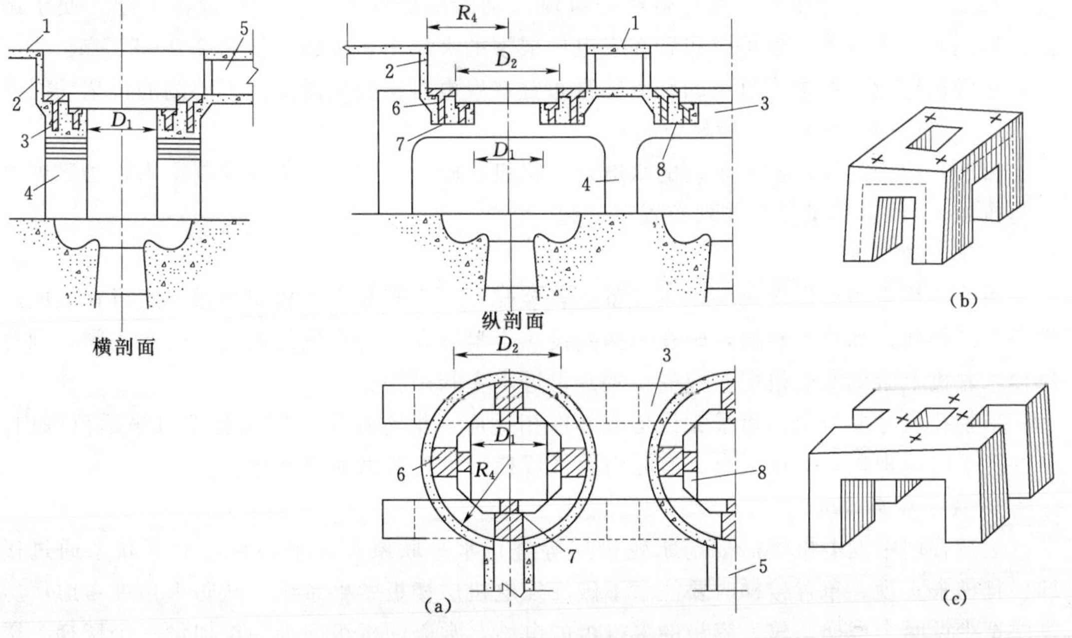

图 6.14 构架式机墩

（a）多跨构架式机墩；（b）、（c）单跨构架式机墩

1—楼板；2—风罩；3—纵梁；4—立柱；5—通风道；6—定子螺栓预留孔；7—下机架螺栓预留孔；8—横梁

6.2.4 发电机层设备布置

发电机层除了水轮发电机占据一定平面位置外，还需布置调速器、机旁盘、主阀吊物

孔及楼梯等。

1. 调速器

水轮发电机组的调速器由调速柜、油压装置及接力器（或称作用筒）组成。调速柜是调速器的核心，大、中型调速器的调速柜又分成电气调速柜和机械调速柜两种，小型调速器两柜合一。机械调速柜由油管与接力器连接并控制油的流向，使接力器动作打开或关小导叶，以满足运行的要求。接力器又以回复连杆（或钢丝绳）反馈给机械调速柜。油压装置提供一定压力的操作油，以压力油管及回油管与操作柜相连接。由此可见，油压装置应尽可能靠近接力器，以缩短油管，并便于安排回复装置。

调速器的调速柜应尽可能靠近机旁盘，以便值班人员观察仪表，并操作开停机。其中，电气调速柜常与机旁盘排成一排。

2. 机旁盘

机旁盘包括自动、保护、测量、动力盘等，每台机组1～3只，一般沿主厂房上游侧或下游侧的排架柱边线布置，盘后距墙或柱面0.8m。距发电机风道盖板边不小于0.8m，以便于维护、检修。当上游侧楼板开有进水阀吊物孔时，盘的突出部分至吊物孔边缘距离不小于0.6m。

目前，计算机监控系统在水电站中已广泛应用，对应一台机组的机旁盘为1～2块LCU（现地控制单元）屏与一块测温屏。

3. 励磁屏

励磁屏用来控制和调节发电机励磁电流。励磁屏最好与机旁盘布置在一起，便于调试、检测并节省电缆。也可以布置在发电机层下的夹层内，夹层高度为2.0～2.5m。

小型机组及一些中型机组的励磁屏常布置在发电机楼板上游侧或下游侧的排架柱间的空当中，盘后面应留0.8m检修空间。

目前，应用计算机监控系统的水电站常将机组励磁屏布置在中央控制室内，励磁屏也可与机组LCU屏等机旁盘并列布置在一起。

4. 吊物孔

吊物孔用来吊运发电机层以下设备。若装配厂下空间与水轮机层相通，则可在装配厂设一个吊物孔；如果不相通，则在机修间设一个吊物孔。若水轮机前设有进水主阀，则对每台水轮机上游侧发电机层对应的位置开设进水主阀吊物孔。

吊物孔尺寸要与拟吊运最大设备或部件相适应。吊物孔应布置在起重机吊运范围内。吊物孔平时应加盖，保证安全。有时将盖做成栅形，可兼做通风孔用。

5. 楼梯和交通道

运行管理中发电机层需要与水轮机层等进行水平联系和上下联系，上下联系通过楼梯、爬梯来实现。布置楼梯时要注意不破坏发电机层楼板梁格系统。从防火角度考虑厂房每层至少设两个楼梯。较大容量的多机组的电站，常以两机组间为一组加设一个楼梯。楼梯的位置要能使运行人员巡视方便，并要保证发生事故时能迅速到达现场。楼梯一般布置在厂房两端或机组间，其中一个靠近装配场。发电机层到水轮机层楼梯使用频繁，坡度要缓，宽度不宜太窄，至少有一个楼梯净宽不少于1.2m。

在发电机层的上、下游侧有交通道。当运输路线为其中一侧时，其宽度应保证吊运部件顺畅，与沿线机组、设备具有一定的安全距离。对于吊运路线不是上游或下游交通道的，通道宽度宜不大于 2.0m。对于无设备维护的交通道，通道宽度可设为 1.0～1.5m。

必须指出，在布置发电机层的设备时，要与桥吊的工作范围及设备吊运线路相协调，切勿使设备影响部件的吊运，不宜因可能与设备相碰而额外增加厂房的高度。如遇到这种情况，应适当调整某些设备的位置。

6.2.5 水轮机层设备布置

水轮机层通常指发电机层以下蜗壳块体以上发电机机墩四周的空间。除水轮机外，在该层常布置调速器接力器、电站辅助设备（油、气、供水和排水等系统）、发电机的附属装置（如主引出线、中性点引出线、接地和灭磁装置）及厂用的配电设备等。

1. 接力器

接力器分为环形接力器和推拉接力器。环形接力器直接固定在水轮机顶盖上；推拉式接力器，一般布置在蜗壳断面较小的上游侧，固定在机墩的空洞中，如图 6.15 所示。小容量水轮机只有一个接力器，与调速柜合成一个整体，位于调速柜的下部。较大容量的水轮机则有两个，与水轮机顶盖上的控制环相连。接力器在平面上的布置与蜗壳形式和断面有关，当采用金属蜗壳时，接力器应布置在蜗壳尾部（第四象限）的位置，因为该处断面较小，布置接力器可使蜗壳顶部混凝土不致削弱太多，也可以使接力器尽量靠近控制环；对具有非平面顶上翘式断面的混凝土蜗壳，它应布置在包角最小处，因该处的蜗壳顶混凝土层最厚。调速柜和油压装置只能布置在相邻机组段。对平顶混凝土蜗壳，接力器可布置在任意位置。

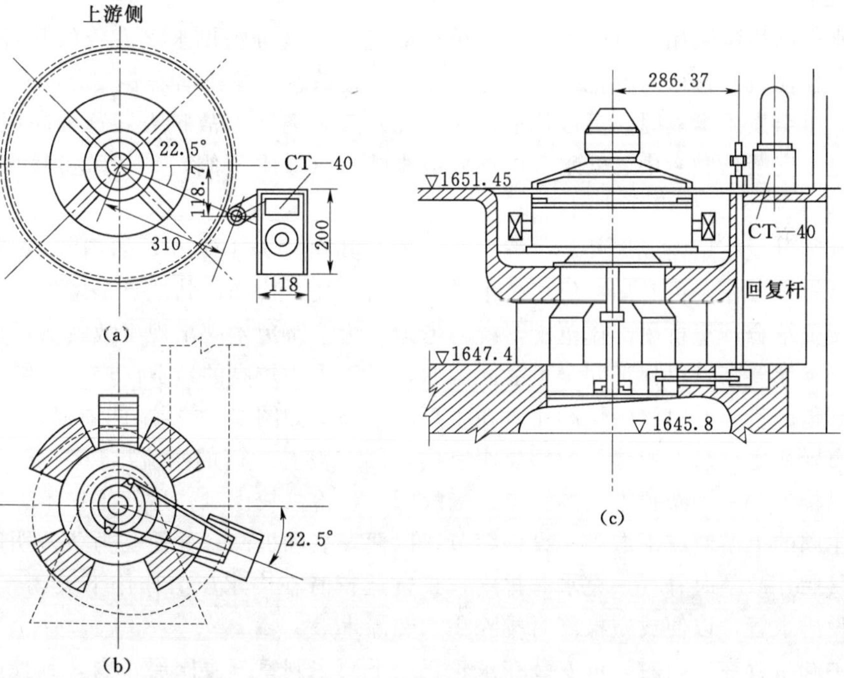

图 6.15 某引水式地面厂房调速器设备布置

（a）发电机层布置平面；（b）水轮机层布置平面；（c）纵剖面布置

接力器在机墩处的布置还应与机墩进人孔、发电机引出线、中性点引出线、水轮机顶盖排水设备相协调。

2. 母线、电缆及管道

发电机引出线常敷设在发电机层楼板下面，即水轮机层上部，也可利用副厂房下层空间设置专门的电缆室，这样没有干扰，母线通道干燥，通风散热条件好，比较安全可靠。因为水轮机层比较潮湿，对电缆不利。发电机引出线上的互感器及中性点设备，一般紧靠机组布置，使引出线最短，发电机引出线一般加设保护网。

油、水、气系统的管道，一般都布置在水轮机层上，沿墙敷设或布置在沟槽内。在布置管道时要注意使用点和供应点的联系。

厂房母线或电缆与水管、油管交叉或靠近，容易使电气设备受潮，影响安全运行，也给施工检修和运行带来不便，应当避免。因此，一般在平面上可按－y（下游侧）、＋y（上游侧）轴分上下游布置；或按＋x（面向上游右侧）、－x（面向上游左端）轴两端分开，或立面上设出线层分开布置，使电气和水轮机辅助设备的布置互不干扰。

此外，水轮机层应有上通发电机层下达蜗壳和尾水管的进人孔和排水廊道的交通道和楼梯等必要设备。

6.2.6 蜗壳层的布置

蜗壳层除了进水部分外，均为大体积混凝土，布置有主阀、进人孔和集水井等。

1. 主阀

当水电站机组采用联合供水（一管供全部机组）或分组供水（一管供几台机组）时，为了保证任何机组检修时其他机组能正常运行，在每台水轮机前需要安装动水关闭快速闸阀。一旦机组发生事故时，可以快速关阀切断水流，防止事故扩大，这种阀门称为主阀。高水头电站安装球阀，中、低水头电站安装蝴蝶阀（或平板阀）。当管道很短时（河床式水电站），在进水口处设快速闸阀。

蝴蝶阀可设在厂内或厂外。一般设在厂内，其净宽为4～5m，如图6.16所示。其优点是运行管理方便，可利用主厂房桥吊进行阀门安装、检修；其缺点是增加厂房宽度。主阀的位置要结合厂房桥吊工作范围，统一考虑。为了避免主阀出现事故造成厂房受淹，主阀的结构强度要高，以保证安全可靠。因此，对于水头较高的地下厂房，或结合考虑厂房布置的其他因素，有时将蝴蝶阀布置在主厂房之外。如图6.16所示的浙江黄坛口水电站，蝴蝶阀布置在主厂房上游墙外的蝴蝶阀室内，阀室设有专门的水流出口，万一阀门破裂，涌水得以排走。这种布置方式的缺点是蝴蝶阀安装检修较困难，运行维护不方便。

在主阀的上游侧或下游侧应设伸缩节，以便安装和拆卸，并使受力条件明确。阀下游要设空气阀，放空时补气，充水时排气，正常运行时在内水压力作用下关闭。蝴蝶阀上、下游均设排水管，以便放空检修时排除积水和漏水。

当主阀布置在厂内时，可安装在水轮机层下面主阀室（主阀层）内，其控制设备布置在主阀近旁。主阀孔处要设置保护栏杆，以确保安全。

2. 进人孔

为了检查蜗壳与尾水管，通常在下部块体中设有通向蜗壳和尾水管的通道。对金属蜗

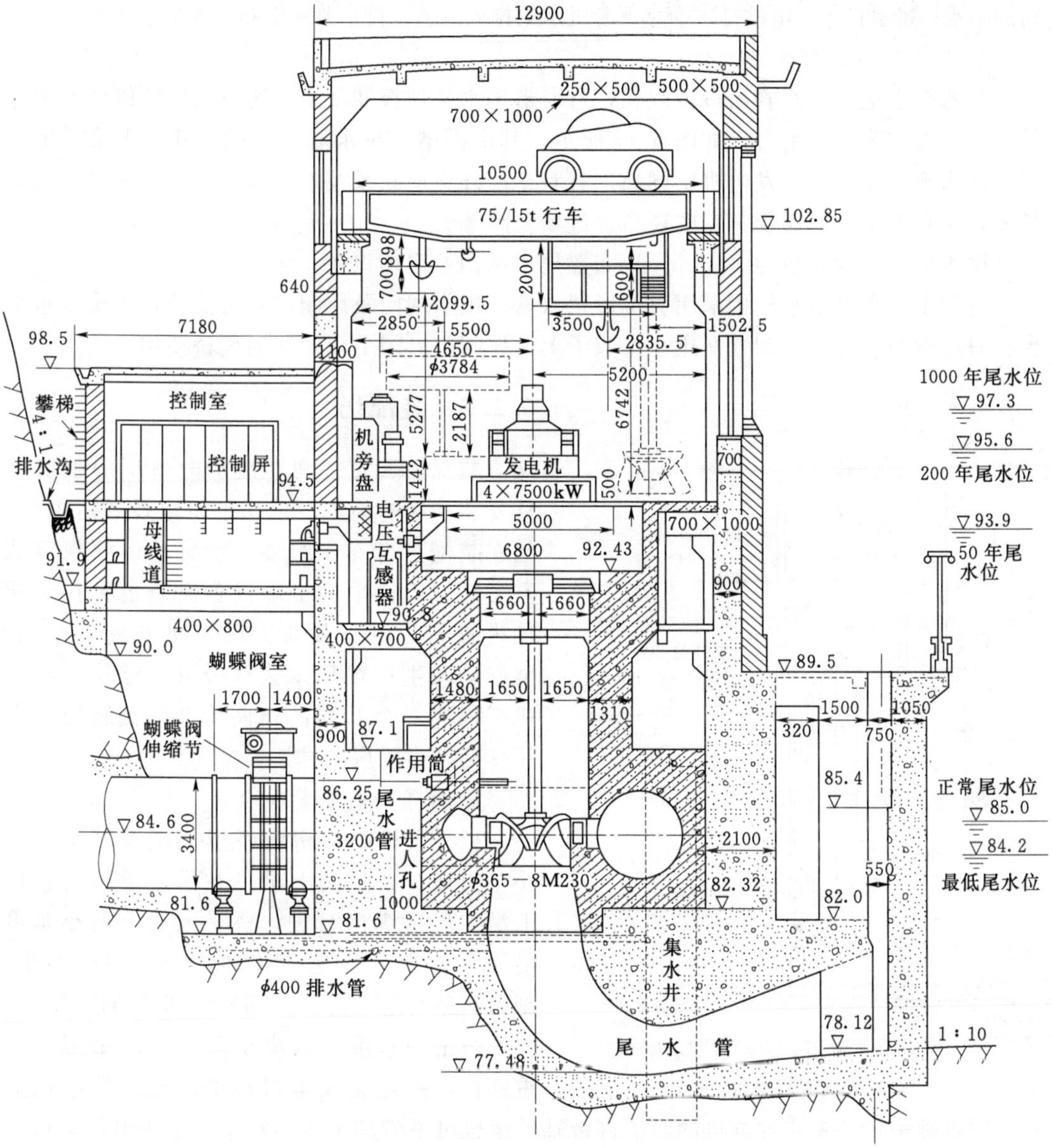

图 6.16　黄坛口水电站主厂房横剖面（单位：m）

壳，进人孔常布置在蜗壳进口的钢管处。当钢管、蜗壳断面尺寸较大时，进人孔开在钢管（或蜗壳）的侧面；对混凝土蜗壳一般布置在蜗壳断面较大处的侧面。

尾水管位于厂房内较低高程，尽量利用块体结构中的主阀室、接力器坑或检修廊道等处，设置通往尾水管进人孔的通道。尾水管进人孔，常设在金属里衬的直锥段上，以便检修水轮机转轮。也可设在扩散段，这时可由尾水平台或水轮机层向下设通道进入尾水管。

进人孔直径不小于 0.60m，进人孔通道的尺寸应能满足进人的需要，一般不小于 1m×1m×1.8m。

3. 集水井

集水井位于厂房最低处，除容纳运行时厂房墙体四周渗水和管道渗漏水，还担负机组检修时的集水、排水任务。电站排水通过下游尾水渠排入河道。排水泵一般布置在集水井上方。

4. 尾水平台的布置

低水头水电站尾水管出口段较长，弯肘形尾水管顶板伸出主厂房下游墙体以外的上部结构，一般作为尾水平台，如图 6.17 所示，其由固结于尾水隔墩上的立柱及板梁系统构成。尾水平台高程常与发电机层同高，有利于厂外交通联系及设备搬运。视尾水管结构的长短，可布置主变压器场，有的还布置进场公路等。

尾水平台宽度一般为 2～3m，以布置尾水闸门及启闭设备。

有的小型水电站水轮机采用直锥形尾水管。尾水闸门及启闭设备可简化，不设尾水平台。只用钢筋混凝土板搁置在尾水渠墩子上，作闸门启闭平台及交通便桥使用。

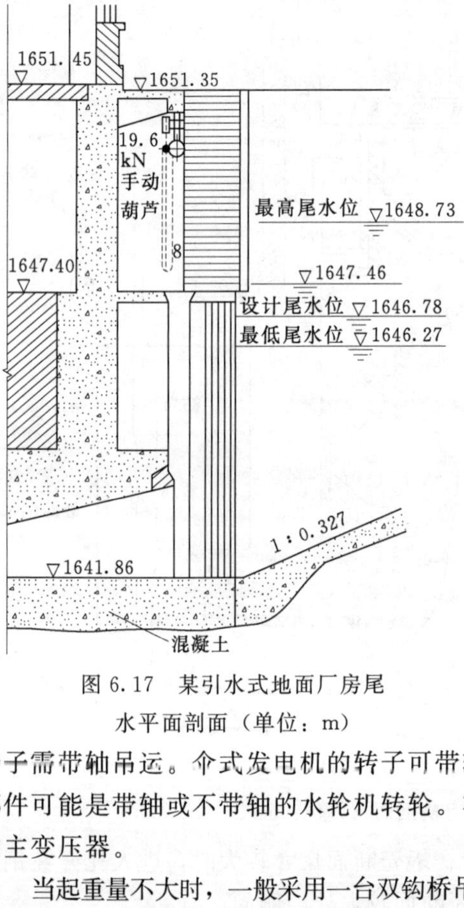

图 6.17 某引水式地面厂房尾水平面剖面（单位：m）

6.2.7 装配场

装配场（安装间）是水电站厂房主要部件安装检修的地方。厂房的机电设备运抵后，均在装配场卸车、组装，然后吊运到规定地点安装。运行中的机电设备大修也常在装配场内进行。由于载荷大，受冲击载荷作用，装配场与主机组用永久缝分开。结构上与主机组构成一个共同的空间构架，接缝处另设一排架与主机房端排架并排。

1. 桥吊的起重量和台数

桥吊由横跨厂房的桥形大梁及其上部的小车组成。桥吊的大梁可在吊车梁顶的轨道上沿主厂房纵向行驶，桥吊大梁上的小车可沿该大梁在厂房横向移动，于是桥吊的主、副吊钩就可达到主厂房的绝大部分范围。

桥吊的起重量取决于需要由它吊运的最重部件，一般为发电机转子。悬式发电机的转子需带轴吊运。伞式发电机的转子可带轴吊运也可不带轴吊运。对于低水头电站，最重部件可能是带轴或不带轴的水轮机转轮。在少数情况下，桥吊的起重量决定于需由它吊运的主变压器。

当起重量不大时，一般采用一台双钩桥吊；起重量大于 75t 时，可考虑采用双小车桥吊。与同规格的单小车桥吊相比，双小车桥吊不仅重量轻、外形尺寸小，而且用平衡梁吊运带轴转子时，大轴可以超出主钩极限位置以上，从而可降低主厂房的高度。双小车桥吊还便于翻转大型重件。其缺点是用平衡梁吊大件时，要求两台主钩同步，吊物由厂房一侧至另一侧时可能要换钩。

当机组较大而且台数多于 6 台时，也可考虑采用两台桥吊。与采用一台双小车桥吊相比，采用两台桥吊可能降低主厂房高度，且机动灵活。除吊运最重部件时需两台桥吊联合工作外，平时两台桥吊可单独工作，以加快安装检修速度。其缺点是投资多，厂房要略长些。桥吊的台数最终应根据技术经济比较确定。

2. 桥吊的跨度和安装高程

桥吊的跨度是指桥吊大梁两端轮子的中心距。选择桥吊跨度时应综合考虑下列因素。

(1) 桥吊跨度要与主厂房下部块体结构的尺寸相适应，使主厂房构架直接坐落在下部块体结构的一期混凝土上。

(2) 尽量采用起重机制造厂家所规定的标准跨度。

(3) 满足发电机层及装配场布置要求，使主厂房内主要机电设备均在主、副吊钩工作范围内，以利安装检修。

起重量决定后，可按系列表选择满足前两个条件的吊车，据此进行发电机层布置，必要时再行修改。

桥吊的安装高程是指吊车轨道的轨面高程。桥吊的跨度与安装高程决定着发电机层以上主厂房的空间大小。该空间内除了布置发电机的上部及机旁盘、调速器等设备外，还要足以吊运机组的最大及最长部件而不影响其他机组的正常运行。最大部件一般是发电机转子或水轮机转轮。主、副钩的极限位置由制造厂给出。吊运部件与周围建筑物及设备之间的最小间隙，水平方向为0.4m，垂直方向为0.6～1.0m，如采用刚性吊具，垂直间隙可减为0.25～0.5m。据此，可以在厂房横剖面图上绘出吊运大部件时的位置，并确定桥吊的安装高程。在发电机层或装配场层平面图上绘出主、副钩的工作范围，主要机电设备均应布置在该范围内。

3. 装配场的位置与高程

装配场布置在主机旁的对外交通方便的一端，对外交通通道必须直达装配场，车辆直接开入，以便利用主厂房内桥吊卸货。

装配场的高程主要取决于对外道路及发电机层楼板的高程。一方面，装配场最好与对外交通道路同高，且均高于下游最高水位，以保证对外交通在洪水期畅通无阻。另一方面，装配场最好也与发电机层楼板同高，以充分利用两者接壤部分的工作场地，增加安装、检修的面积。

发电机层地板常因某些原因低于下游最高水位及对外道路，此时装配场布置可有以下几种方案。

(1) 装配场高程在下游洪水位以上。由于与发电机层高程不同，增加了厂房的高度，不能有效利用相邻部分场地，以致增加装配场的尺寸。

(2) 装配场与发电机层同高，均低于下游尾水位，在装配场进口与公路连接段要建挡水墙。而发电机层低于设计洪水位以下墙体，要做成钢筋混凝土防洪墙。如果下游洪水位高于发电机层高程很多，厂房内通风、采光均受影响，则挡水墙工程量太大。此时，可将装配场大门做成挡水闸门式，洪水来时将大门关闭，场内运行人员可通过高于下游洪水位的便道进、出。

4. 装配场的面积

装配场的面积，按一台机组扩大检修时所需的面积来确定，亦即在装配场上能放下4大件：发电机转子、发电机上机架、水轮机转轮与顶盖，如图6.18所示，并使它们均置于桥吊工作范围内。装配场还要安排货运汽车停车的位置。检修位置布置时，部件之间及部件与墙、固定设备应留有0.8～1.5m的净距，满足安装检修工艺和交通的要求。

5. 装配场底层空间

当装配场基础座落在岩基上，若岩基较高可不必开挖，只在必要地方（转子轴承台）进行局部开挖。如果岩基埋得较深，装配场下面有较大空间可以利用，除底层面各种坑

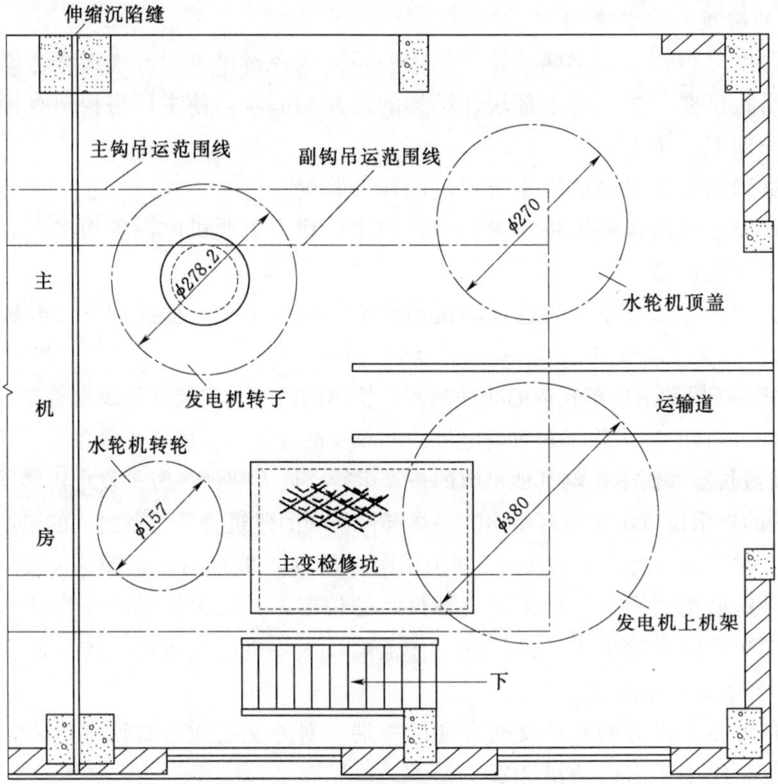

图 6.18　某引水式地面厂房安装间 4 大件检修位置布置

位、吊车试块、变压器坑外，常可用来布置水力机械辅助设备。

当主变压器需要进装配场检修时，装配场应设变压器坑，以便于检修吊芯时不额外增加厂房高度，如图 6.19 所示。

为便于发电机带轴转子的安装检修，转子停放位置应设转子轴孔，面积要大于大轴法兰盘、下设轴承台固定转子主轴法兰盘，并预埋地脚螺栓，如图 6.20 所示。

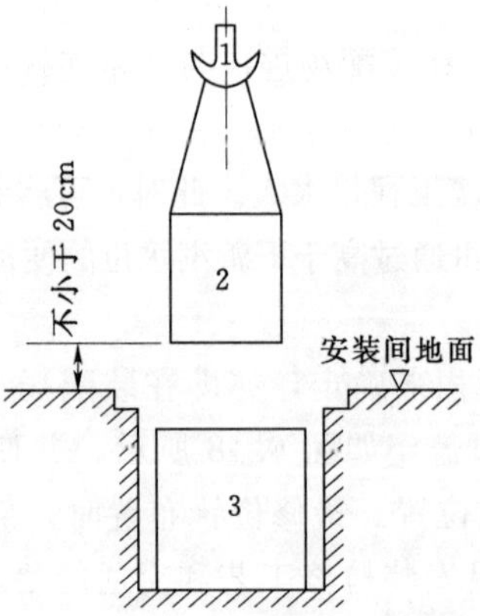

图 6.19　安装间的主变检修坑

1—主钩；2—主变铁芯；3—主变压器外壳

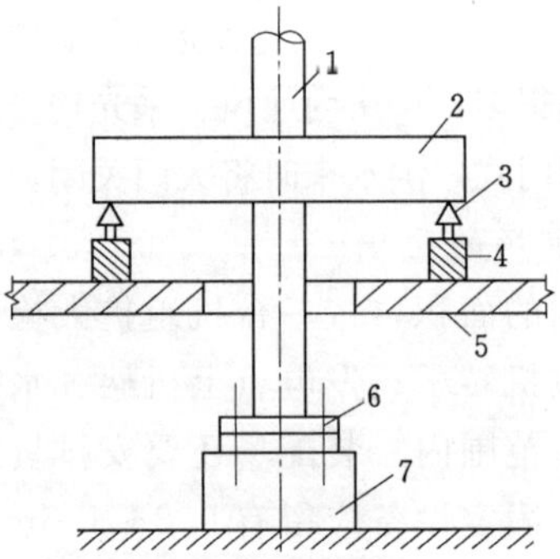

图 6.20　安装间发电机转子轴孔

1—主轴；2—发电机转子；3—千斤顶；4—垫木；5—安装间楼板；6—法兰盘；7—轴承台

小型水电站主变压器容量较小，一般可在厂房外设置临时设施进行检修吊装，对于钟罩式变压器，其外壳可以掀开吊起，露出铁芯检修，不需考虑在装配场内检修主变压器。

装配场大门尺寸，如通行载重汽车，其宽度为3.3m，高为4.5m。有的电站主变需进场检修，则装配场大门尚需根据主变尺寸确定。

6.3 立式机组厂房轮廓尺寸的确定

主厂房的轮廓尺寸是指厂房的长度、宽度和高度。其拟定的步骤是：当机组台数和型号选定后，根据蜗壳、尾水管外形尺寸，拟定厂房下部块体结构最小平面尺寸，然后根据水轮机层和发电机层设备布置要求，确定下部结构及各层布置，定出主厂房各层高程及平面尺寸。布置进程中应协调矛盾，逐步修改，经济合理地确定厂房轮廓尺寸。若有不同方案，可进行技术经济比较，择优选定。

6.3.1 水轮发电机外形尺寸估算

绘制机组外形轮廓尺寸需先确定水轮机安装高程。水轮机的安装高程是按一台机组在设计水头下安全运行的要求来确定的。可根据下游设计最低水位与水轮机吸出高度 H_S 确定。有时为保证尾水管出口淹没要求或厂房基础希望坐落在岩基上，可酌情降低其高程。

安装高程确定后就可利用所选水轮机型号和转轮尺寸 D_1，按系列水轮机线性比例放大。首先画出水轮机转轮，根据座环系列尺寸画出活动导叶和固定导叶，可查出蜗壳外形尺寸计算横剖面图所在90°、270°蜗壳断面尺寸或用解析法列表计算所在蜗壳断面。机墩厚度按1～1.5m绘制，尾水管根据所匹配的标准尺寸按比例放大，这样就可绘出水轮机外形尺寸。发电机如有现成产品，按其外形尺寸绘制，若查不到型号，可按发电机外形尺寸估算法进行计算。这样水轮发电机组外形轮廓尺寸就形成了。

6.3.2 厂房长度的确定

主厂房长度 L 可按下式确定，即

$$L = \text{机组段长度}\ L_0 \times \text{机组台数} + \text{装配厂长度}\ L_{装} + \text{边机组段加长长度}\ \Delta L_{边}$$

1. 机组段长度 L_0（机组间距）

机组段长度 L_0 与水轮机形式、电站水头有关。中、低水头水电站机组段长度，根据厂房下部结构最小尺寸，并考虑厂房施工、运行要求及结构强度、刚度等因素确定。下部块体结构分期浇筑。第一期浇筑的称为一期混凝土，它包括尾水管的肘管段及扩散段、主厂房四周外墙、排架、吊车梁和厂房屋顶等。这样是为了尽早安排桥吊进行厂房内部施工。二期混凝土包括尾水管的直锥段、水轮机座环及蜗壳、发电机机墩及楼层板，如图6.21（a）斜线条部分所示。

下部块体结构的平面尺寸，是在定出二期混凝土平面尺寸的基础上，再计及设备布置及施工条件后确定的。而二期混凝土平面尺寸主要取决于蜗壳的平面尺寸。当蜗壳平面尺寸已定，L_0＝蜗壳平面尺寸＋$2\Delta L$，如图6.21（a）所示，ΔL 为蜗壳外围绑扎钢筋及浇筑混凝土厚度。对金属蜗壳，还应满足蜗壳拼装及焊接的要求，该值至少要有0.8～1.0m

(通过结构计算来校核)。对边机组段，二期混凝土的外部还要加外墙厚度，初估时可取1～3m。有时尾水管的平面尺寸为最小尺寸。

高水头水电站的机组段L_0，常取决于发电机定子外壳尺寸，这时应根据发电机的最大外壳尺寸，并考虑冷却设备的布置、机组运行和检修的要求来确定机组段长度。一般两台机组至少留有2m的走道，如图6.21 (b) 所示。

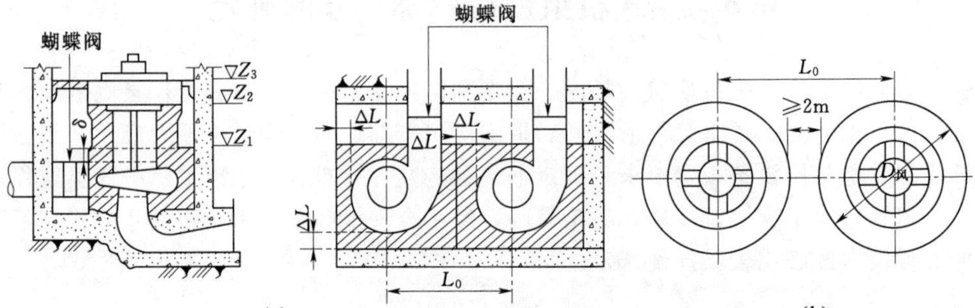

(a)　　　　(b)

图6.21　主厂房机组段长度的确定

(a) 主厂房下部块体结构的最小尺寸；(b) 由发电机及其通风设备决定的机组长度

2. 装配厂长度$L_{装}$

按一台机组扩大检修所需面积来确定，即

$$L_{装} = (1.25:1.5)L_0 \tag{6.1}$$

3. 边机组段加长长度$\Delta L_{边}$

边机组段是指不在装配场一端的另一端机组段，由于下列因素需额外加长长度：

(1) 需满足桥吊主钩中心线至桥吊外缘距离$B/2$加吊车轨道端部阻进器长度S，一般为0.3～0.5m；B可由桥吊产品技术资料查得，如图6.22所示。

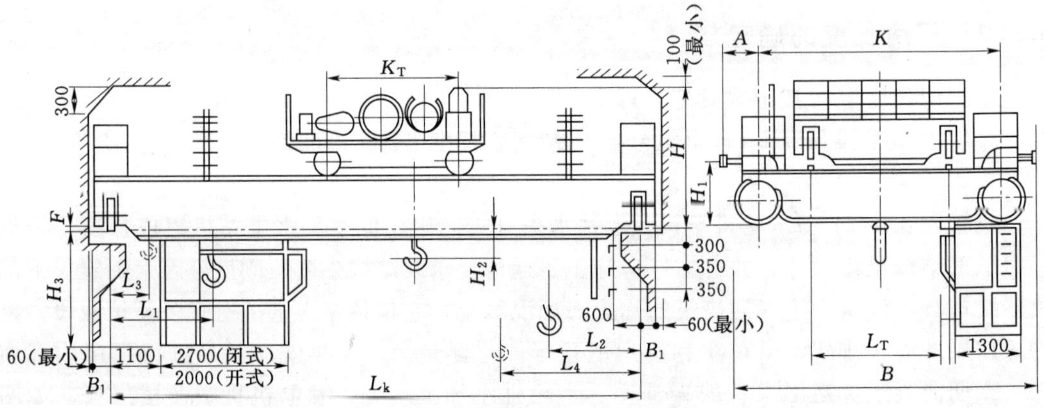

图6.22　电动双梁桥式吊车构造

(2) 当蜗壳进水口处装有主阀时，为了起吊边机组对应主阀需要加长边机组段，加长尺寸视实际需要确定。

边机组段加长长度$\Delta L_{边}$，初估时可取1.0～3.0m。

6.3.3 厂房宽度的确定

主厂房的宽度取决于下部块体结构、水轮机层和发电机层设备布置、桥吊的跨度，也可能受吊运最大部件的影响。

下部块体结构宽度按块体最小尺寸及水轮机层和发电机层设备布置要求来确定，并与桥吊标准跨度相协调。对中、低水头电站，机组段宽度除考虑蜗壳平面尺寸外，还需考虑蜗壳外部下游侧需要加厚 ΔL 值和外墙厚度，如图 6.21（a）所示。对于机组上游侧，要看机组安装时实际情况。许多电站往往在第一台机组发电后才陆续安装其他机组，所以必须对未安装机组的引水管用闷头封盖。闷头设在主阀的位置。最终安装主阀时，此位置的钢管需要焊接，并加设伸缩节。这样定出的宽度，经发电机层布置校核，若能满足要求就可将其作为主厂房的宽度，否则要适当修改后再确定。校核时要满足的条件有以下内容。

（1）能满足主、辅设备的布置要求，使运行和检修方便。

（2）主厂房的一侧要有符合要求的主要交通道。

（3）符合桥吊的标准跨度。

主厂房基础宽度为主厂房宽度加尾水平台宽度。高水头水电站的蜗壳尺寸一般较小，应根据发电机层布置要求定出主厂房宽度。

6.3.4 主厂房高度及厂房各层高程的确定

主厂房高度要在厂房立面主要高程确定后才能确定。在进行厂房布置设计时，通常需要确定以下主要高程，即从上而下主厂房屋顶高程、天花板高程、吊车轨顶高程、发电机层地板高程、发电机装置高程、水轮机层地板高程、蜗壳层底部高程、水轮机安装高程、尾水管底板高程及厂房基础开挖高程等。其中，水轮机安装高程 Z_A 与吊车轨顶高程 Z_8 是控制性高程，如图 6.23 所示。

1. 下部块体结构高度

下部块体结构高度是指水轮机层地板高层 Z_4 与尾水管底部开挖高程 Z_3 之差。

（1）水轮机层地板高程。水轮机层地板高程是根据蜗壳上部混凝土厚度所决定的。

$$Z_4 = Z_A + \rho + \delta \tag{6.2}$$

式中：Z_A 为水轮机安装高程；ρ 为金属蜗壳进口断面半径，对混凝土蜗壳，为进口断面在水轮机安装高程以上高度；δ 为蜗壳顶部混凝土厚度，决定于结构强度和接力器布置，初估时可取 0.80～1.00m，最后由结构计算核定。

（2）尾水管底部开挖高程为

$$Z_3 = Z_A - \frac{b_0}{2} - h_1 - s \tag{6.3}$$

式中：b_0 为导叶高度；h_1 为尾水管高度；s 为尾水管底板厚度。岩基为 1～2.0m，土基为 3～4m。

2. 主阀层地面高程

在厂房上游侧，主阀层地面高程是便于安装蝴蝶阀及在钢管底下便于维修人员通行而决定的。

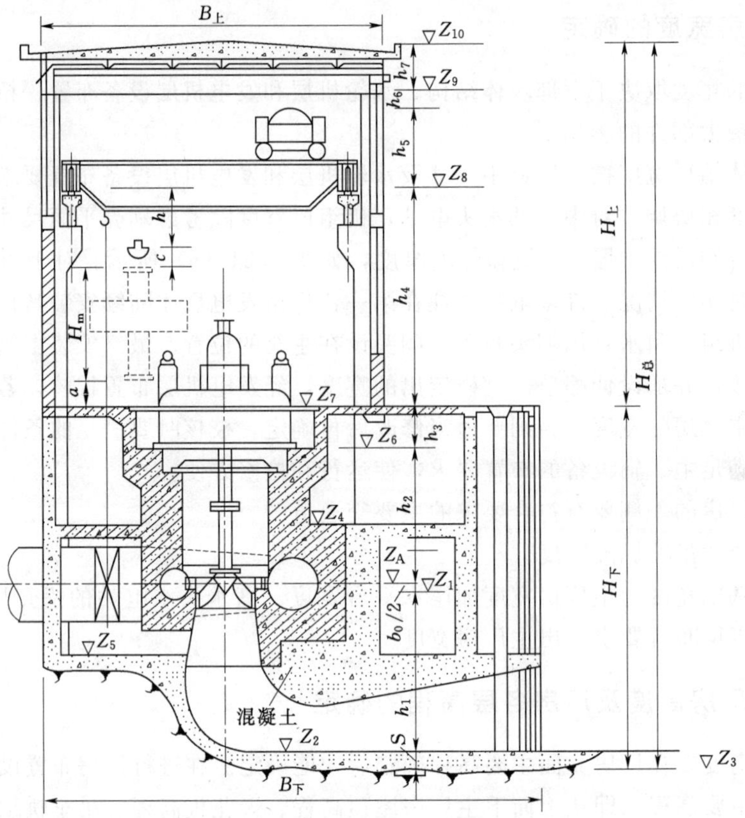

图 6.23　立轴机组厂房高度的确定

$$Z_5 = Z_A - \frac{1}{2}D_f - (0.8 \sim 1.0)(m) \tag{6.4}$$

式中：D_f 为主阀外径；（0.8～1.0）m 为阀底至主阀层地面的安装检修距离。

3. 发电机装置高程 Z_6 与发电机层地板高层 Z_7

$$Z_6 = Z_4 + h_孔 + h_梁 \text{ 或 } Z_6 = Z_A + h_2 \tag{6.5}$$

式中：$h_孔$ 为机墩入孔高度，为 1.8～1.9m；$h_梁$ 为孔顶梁高，约 1.0m；h_2 为水轮发电机组轴长。

发电机层地板高程与发电机布置方式有关。如采用露出式，则发电机层高程比发电机装置高程要高出定子外壳高度，即

$$Z_7 = Z_6 + h_3 \tag{6.6}$$

式中：h_3 为发电机定子高度（风罩墙高度）。

另外，确定发电机层地板高程还要考虑以下因素：

（1）水轮机层的高度一般需 3.5～4.0m，否则难以布置出线、管道及各种设备。

（2）发电机层楼板最好与装配场在同一高程上。

（3）发电机层楼板最好高于下游最高洪水位。

4. 厂房水下部分总高度

$$H_下 = Z_7 - Z_3 \tag{6.7}$$

5. 吊车轨道顶部高程

$$Z_8 = Z_7 + h_4 \tag{6.8}$$

式中：h_4 为发电机层地板至吊车轨顶高度。根据吊运路线、吊运方式、最长部件长度及安全距离确定，即

$$h_4 = a + H_m + c + h \tag{6.9}$$

式中：a 为垂直方向安全距离，不少于 0.3m；H_m 为吊运最长部件长度，最长部件一般为发电机带轴转子，低水头电站，可能为带轴转轮，当主变推进装配场，还应考虑主变铁芯起吊高度；c 为吊钩吊索连接距离，一般为 1.2～1.5m，使用刚性吊具时可缩短至 0.8～1.0m，如图 6.24 所示；h 为吊钩至轨顶距离。

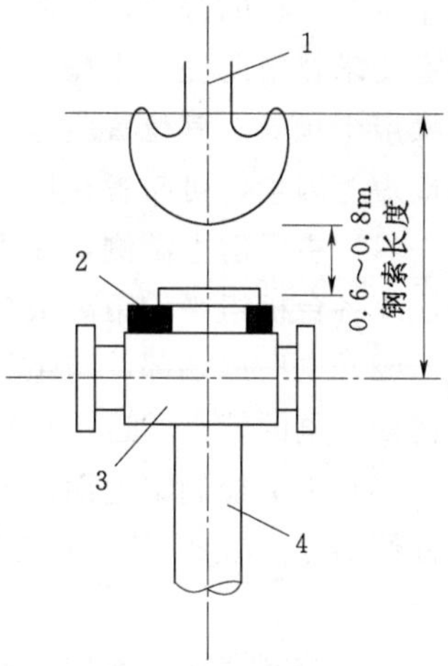

图 6.24 刚性夹具

1—主钩；2—锁环；3—卡具；4—转子轴

6. 天花板高程（或屋架梁底高程）

$$Z_9 = Z_8 + h_5 + h_6 \tag{6.10}$$

式中：h_5 为桥吊在轨顶以上高度，由产品目录系列可查；h_6 为桥吊小车顶部距天花板距离，不小于 0.3m。

7. 屋顶高程

$$Z_{10} = Z_9 + h_7 \tag{6.11}$$

式中：h_7 为屋顶结构高度（屋顶梁面板及防渗保温厚度）。

8. 水上部分高度

$$H_上 = h_4 + h_5 + h_6 + h_7 \tag{6.12}$$

9. 主厂房总高度

$$H_总 = H_上 + H_下 \tag{6.13}$$

6.4 副厂房的布置

副厂房是为了布置各种操作、控制电站正常运行的电气设备、附属机械及作为工作生活用而在主厂房旁建筑的房间。副厂房的组成主要根据机电设备布置、维修、试验、操作以及电厂运行管理等方面的要求确定。

由于水电站的形式及规模各异，所需副厂房的数量和尺寸也不同，即使容量相近的水电站厂房，其副厂房的尺寸也可能相差甚远。

副厂房的位置可以在主厂房上游侧、尾水管上、主厂房一端或分设在几个位置上。对于引水式地面厂房，若副厂房布置在主厂房的上游侧，当山体陡峭时会增加挖方，且副厂房通风及采光不好（尽管如此，坝后式厂房常利用场坝之间的空间布置副厂房）。副厂房设在尾水管上会影响主厂房的通风及采光，尾水管也要加长，从而增加工程量。由于尾水平台一般振动很大，该处不宜布置中央控制室及继电保护设备。副厂房也常布置在主厂房一侧，机组台数多时，这种布置会加长母线及电缆。总之，要权衡利弊，因地制宜地选择副厂房的位置，充分利用一切空间，降低工程造价。

副厂房按功用可分为以下 3 类。

6.4.1 直接生产副厂房

6.4.1.1 电气部分

1. 中央控制室

中央控制室是整座电站发电、配电、变电以及水位和流量等集中控制和监视的场所，是布置发电机的操作、控制、继电保护、信号、直流、同步及励磁等盘柜的房间。中央控制室要求宽敞明亮、干燥舒适、安静，室内通风良好，光线柔和，避免阳光直射仪表盘，无噪声干扰等。其位置应考虑电站运行、操作、维护、监视方便，消除故障迅速，控制电缆最短等因素，可布置在以下几个位置。

(1) 主厂房上游侧，在主机组间中部，和发电机层同高程。联系主厂房最便利，电缆短，离各台机组平均距离最短，处理故障快，监视运行最方便。

(2) 主厂房端部，与主厂房联系不方便、电缆长、监视不便，但能适应电站分期建设和初期发电的特点，运行干扰少，通风采光好，受主机运行及噪声影响小。

(3) 中央控制室地面高于发电机层地面，位于主厂房上游侧。两层间应设有宽敞楼梯和方便的专用交通道。中央控制室与主机组应有隔音设施，并设瞭望主厂房的窗子和平台。

中央控制室净高不应小于4.0～4.5m，顶部设置天花板，天花板上部高度应满足维护、检修照明设备的要求。

中央控制室面积应根据各种表盘数量及尺寸，进行很好的设计。其平面形状宜矩形。中央控制室房间的地面和墙面要满足隔音、通风、采暖、防潮等要求。中央控制室照明应专门设计，防止光线直射仪表盘。

2. 载波电话室

载波电话室是为方便电站与调度中心通信联系而设置的，是利用高压线载波与调度中心联系的专门设施。载波电话室应紧邻中央控制室，有良好的隔音、采光、通风条件。载波机正面距墙不小于1.5m，背面距离不小于1.0m，侧面距离无过道不小于0.8m，有过道不小于1.2m。小型水电站厂房一般不设载波电话室，只在中央控制室内设载波电话机。

3. 电缆室

电缆室是集中布置电缆的电缆夹层，位于中央控制室下层。电缆室净高不小于2.0m，不宜高于3.0m，室内吊架下净高不低于1.6m，不高于2.5m。电缆室安全出口不少于两个，并应做好防潮设计，小型水电站厂房在中央控制室下设电缆道或电缆沟，不设电缆室。

4. 继电保护室

继电保护室一般都紧邻中央控制室，为了满足检修和试验的需要，盘与盘之间的距离适当放宽，一块盘所需面积按2m^2计算。

5. 发电机电压级开关室

发电机电压级开关室中布置有发电机电压母线及断路器等配电设备。该室位置与主变压器位置同侧，位于发电机与主变压器之间，并尽可能缩短其间距，以减少母线长度。开关柜前应设有足够宽的通道，保证设备的搬运、检修、试验和维护。单侧布置开关柜，维护通道不小于1.0m，操作通道宽不小于1.5m，若两侧布置，维护通道不小于1.2m，操作通道应为2.0m。通道中的柱、墩可局部突出，但不应超过0.2m，通道净高应不小于1.9m。柜顶上应有安装检修空间。

6. 直流系统室

厂房设有直流系统。蓄电池为直流电源，供继电保护、自动装置、控制信号回路、通信和事故照明使用。目前都采用免维护蓄电池，与直流控制装置一起装配在屏中，小型水电站常常与继电保护屏并列布置。

6.4.1.2 水力机械部分

1. 空气压缩机房

中、小型水电站厂房常把高压与低压空气系统统一布置在一个空压机房内，空压机房内因噪声大要远离中央控制室，常布置在装配场底层或副厂房端部位置，但与用户的距离应控制在300mm以内。空压机房的净空高度为3.5～4.0m，室内地面有一定坡度，设排水沟排水。室内顶部应设相应的吊装、检修设施。设备间距不应小于1.5m，与墙间距离不小于1.0m，满足防火防爆的要求。

2. 水泵房与集水井

水泵房与集水井一般布置在块体结构中。当采用立式深井泵排水时，电动机应布置于正常尾水位以上；当采用卧式离心泵排水时，水泵房高程应用离心泵的最大吸出高度校核。

集水井底高程应低于尾水管底板高程，以便检修排水。水泵启动水位应低于厂内最低排水点，以便排除渗漏水。渗漏排水与检修排水合并的水泵房，应有可靠的防淹措施。小型水电站厂房的检修排水常采用直接排水，用移动水泵从尾水管顶板进人孔中直接将积水排往下游。

3. 油库及油处理室

中、小型水电站的透平油库一般布置在厂内，而绝缘油库布置在厂外，靠近变压器，油罐间净距应保持在1.5～2.0m以上。油库室的高度应保持罐顶进人的要求。油库应用防火墙与其他房间隔开，设两个安全出口，出口设向外开敞的防火门，门口设拦油槛，库内设灭火设施。

油处理室内设有滤油机和油泵，布置在油库旁。应有维护和运行通道，设备间距不小于1.0m，油处理室的防火与油库相同。

废油槽设在各台机组及主要用油设备的最低处；事故油槽布置在排油和灭火的地方；补油箱一般布置在吊车梁下面。

单机容量3000kW以上的厂房，油库应设专门油罐及油处理设备，但不一定专设油处理室。

单机容量大于500kW的小型厂房，可考虑放一台滤油机。

单机容量小于500kW以下的小型厂房，不需设专门的油罐与油处理室设施，可在装配场下层或旁边放若干个油桶供循环过滤用，亦可放部分清油。

6.4.2 检修试验副厂房

1. 电气试验室

中、小型厂房一般仅设电气试验室，包括继电保护、测量表计等，为电气二次设备和

500V以下的电气设备试验之用。高压设备不在厂内试验。

电气试验室地面宜做瓷砖或花岗岩，室内应有通风、防尘、防潮措施。调试工作台应设有良好的自然采光和局部照明。

2. 水力机械部分

(1) 机械修理间。应根据机电设备的容量，电站在系统中的位置及作用，外厂协作加工条件及联合修卸等因素，可设机械修配厂或修配车间。

(2) 工具间和仓库。工具间或仓库在发电机旁边邻近装配间的位置，作为放置日常工具和零件用品的场所。

另有部分房间用于行政管理及生活之用。

表6.1给出了一般中型水电站副厂房的大致组成，其中有些房间可以安排在主厂房内。厂内面积有限时，部分检修试验用房可移至厂外。大多数直接生产用房的内部布置还要满足为保证机电或控制设备安全运行的各种特殊要求。

表6.1　中型水电站副厂房所需面积

副厂房名称	面积（m^2）	副厂房名称	面积（m^2）
一、直接生产用房		电工修理间	20～40
中央控制室，电缆室	按需要确定	机械修理间	40～60
继电保护盘室	按需要确定	工具间	15
厂用动力盘室	按需要确定	仓库	10～25
蓄电池室	40～50	油处理室	按需要确定
存酸室和套间	10～15	油化验室	10～20
充电机室	15～20	三、辅助用房	
蓄电池室的通风机室	15～20	交接班室	20～25
直流盘室	15～20	保安工具室	5～10
载波电话室	20～50	办公室	每间15～20
油、水、气系统	按需要确定	会议室	15～20
厂用变压器室	按需要确定	浴室	按需要确定
二、检修试验用房		夜班休息室	按需要确定
测量表计试验室	30～50	仓库	15
精密仪表修理室	15～25	警卫室	10
仪表室	10～15	厕所	按需要确定
高压试验室	20～40		

6.5　贯流式机组厂房布置

贯流式机组多用于低水头、大流量的平原河流电站或潮汐电站，其中灯泡贯流式机组是目前我国较多采用的机组形式之一。

6.5.1 贯流式机组的特点

(1) 效率高、结构简单、施工方便。贯流式机组从出水到进水都是轴向贯通，流道尺寸大而短，水头损失小，尾水管动能回收系数高达90%。

(2) 尺寸小、造价低。贯流式机组有较大的比转速，在水头和功率相同的条件下，贯流式水轮机额定直径比转桨式水轮机小10%左右。

(3) 土建投资小。贯流式机组结构紧凑，与同一容量的轴流转浆式机组相比，其尺寸小，可布置在坝体内，取消了复杂的引水系统，又省去立式机组弯肘形尾水管，降低厂房高度与面积，减少电站开挖量和混凝土用量，土建费用可节省20%～30%，建设周期短，收效快，淹没移民少。

(4) 运行方式多。贯流式水轮机适合于作可逆式水轮机，由于进出水流道没有急转弯，使水轮机的发电和抽水均能获得好的水力性能，它可应用于潮汐电站，具有双向发电、双向抽水和双向排水等6种功能，因此，很适合于综合开发利用低水头水力资源。

6.5.2 贯流式水轮发电机组布置方式

贯流式水轮发电机组的布置方式主要有3种：灯泡贯流式，如图6.25所示；竖井贯流式，如图6.26所示；轴伸贯流式，如图6.27所示。

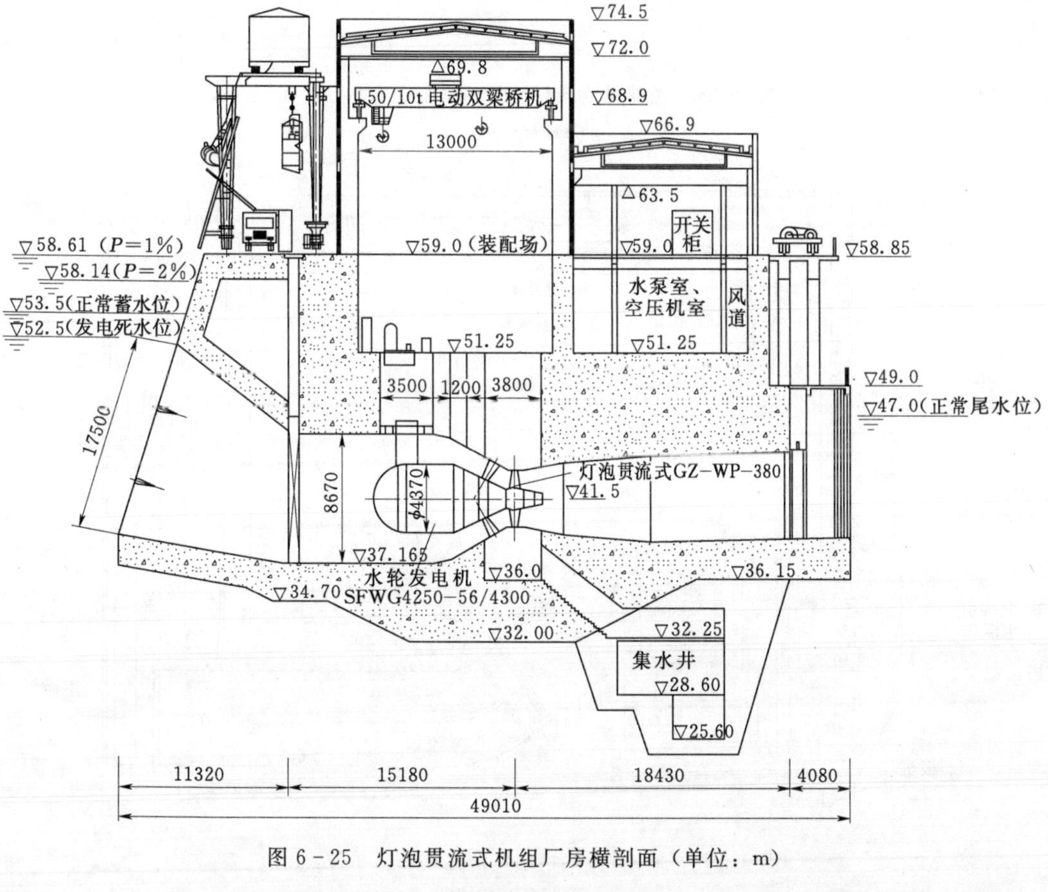

图6-25 灯泡贯流式机组厂房横剖面（单位：m）

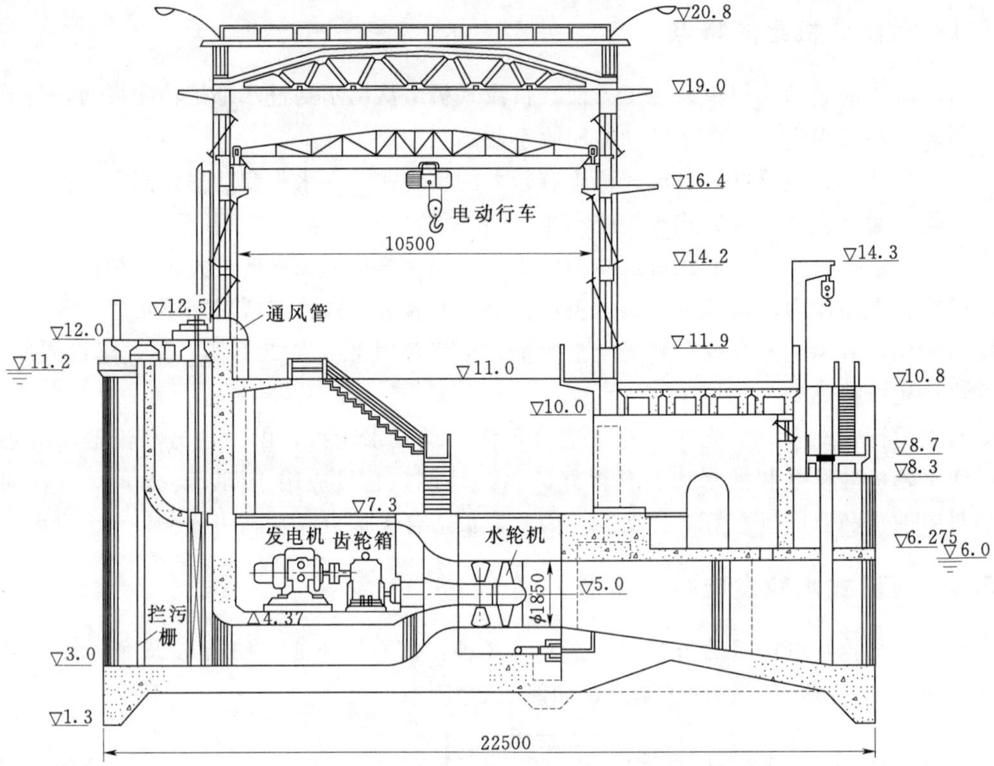

图 6-26 竖井贯流式机组厂房横剖面（单位：m）

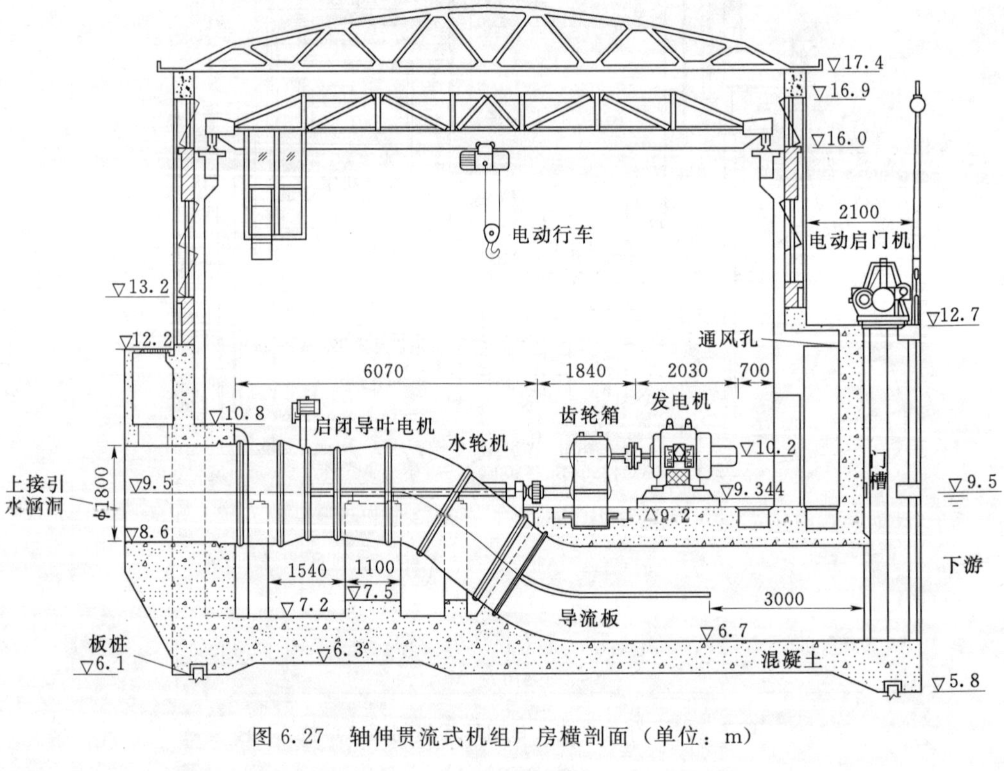

图 6.27 轴伸贯流式机组厂房横剖面（单位：m）

6.5.3 灯泡贯流式水轮发电机组厂房的布置

这里以灯泡贯流式机组为例，阐述贯流式机组厂房的布置。

1. 主机组布置

灯泡贯流式机组厂房一般分为运行层和管道电缆层，灯泡式水轮发电机组在流道中，如图 6.28 所示。

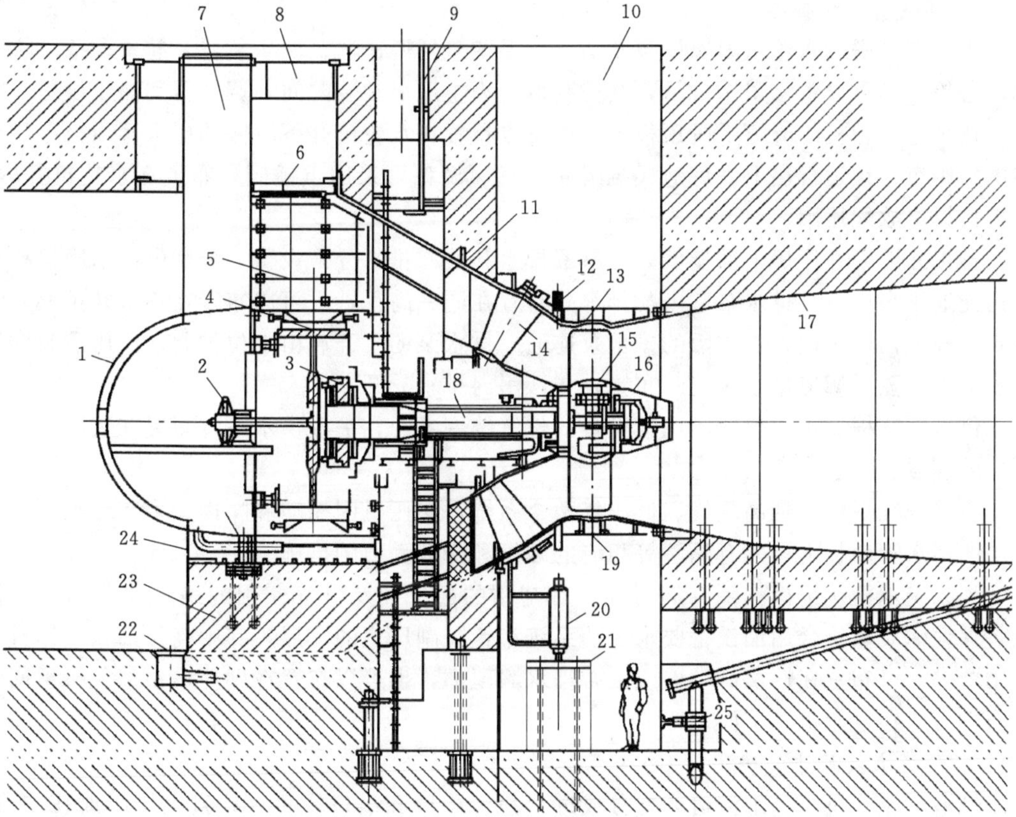

图 6.28 以管形式支撑为主的灯泡贯流式机组布置

1—灯泡头；2—受油器；3—组合轴承；4—发电机；5—导流板；6—下盖板；7—灯泡头竖井；8—高压盖板；9—灯泡体竖井；10—水轮机检修廊道；11—管形壳；12—导水机构；13—转轮室；14—导叶；15—转轮；16—泄水锥；17—尾水管；18—大轴；19—进人孔；20—接力器；21—接力器支墩；22—流道排水管；23—导流墩；24—下导流板；25—尾水管放空阀

灯泡贯流式机组的发电机装在位于流道中的灯泡形金属壳体内，增速器、交流励磁机等都安装在灯泡体内。流道为管状结构，内壁四周以辐射状布置支柱支承灯泡体。灯泡体内的发电机，安装在水轮机之后。压力水流通过安装在灯泡体外周上的锥形导叶直接作用于水轮机转轮叶片带动发电机。灯泡直径小于转轮直径时，发电机可以从水轮机室吊入，否则需在发电机上部设置专门吊孔。灯泡体前部应设通道供运行人员进入和引出母线，如图 6.28 所示，通过厂房上部和下部的水轮机固定支柱的空腔兼作通道和布置管道及电缆线。运行人员可通过上部支柱腔进入灯泡体内部。排油管道通过下部支柱空腔引到水轮机室。由于发电机转动惯量小，甩负荷时机组转速升高大，水轮机的最大轴向反推力，其数值比额定出力时的轴向推力大好几倍。

2. 电气设备布置

电气一次设备包括常用变压器、高压开关柜、励磁变压器，通常布置在副厂房的底层。电气二次设备包括继电保护屏、电缆、直流屏、集中控制台、计算机监控系统、载波室，通常布置在副厂房的上层。

3. 机械附属设备布置

主、副厂房的水轮机附属设备及油气水系统包括调速器、油压装置、起重设备、防飞逸设备等。起重设备常采用桥吊，其控制范围为主厂房和装配间。调速器和油压设备一般布置在靠近水轮机的流道中段顶板上，也可以布置在水轮机井下游侧的尾水管顶板上，有些电站则布置在运行层上。灯泡式机组的防飞逸设备可采用重锤阀，布置在水轮机井内，不再另设事故配压阀。

排水井设置在厂房下部最低处，渗漏排水和检修排水分开设置，分别由排水廊道和排水沟连通排水设备。排水泵室可与排水井布置在同一高程，也可以布置在集水井正上方的尾水顶板上，通过设置在边墩的排水泵连通。排水泵的泵开启由水位控制。厂房灌浆廊道排水和大坝灌浆廊道排水应统一布置，与厂房内排水分开。

供水系统根据水源位置、用水设备的位置统一考虑，一般供水系统布置在装配场下副厂房的底层。

压缩空气系统包括高压气、低压气两个系统，空压机因振动和噪声大多布置在厂房最底层的尾水管顶板上，并有隔墙等相应的减振和降低噪声的措施。

油系统承担机组操作油、润滑油、冷却用的透平油及电气使用的绝缘油等储存和供应，保证油质量符合用油设备要求。油系统布置在副厂房的下层，其中高位油箱根据机组使用要求，可布置在厂房的端墙或上游挡水墙顶部，也可以布置在副厂房顶部，机组回油箱通常布置在水轮机井下面。

4. 厂房主要尺寸的确定

灯泡贯流式机组进水流道通常分成进口段、中段和出口段。水轮发电机组放在中段，流道外形和尺寸由制造厂根据模型试验确定并提供给设计部门。

流道进口的布置主要确定拦污栅形式与尺寸、检修闸门与坝顶公路的相对位置。流道进口通常设有拦污栅、工作闸门、启闭设备、进口闸墩、胸墙及桥面结构。

（1）机组间距。根据机组平面尺寸和相邻流道间混凝土墩的厚度，隔墩厚度为2.5～4.0m，视有无永久缝或廊道而定。

（2）长度。厂房长度应满足流道尺寸、吊车限制线、装配场平面尺寸、边墩结构厚度与左右两端的结构厚度等要求。

（3）宽度。厂房底宽按流道长度和进出口闸门布置要求确定。上部的宽度，除了满足下部要求外，还要满足启闭机、运行层出口平台的布置要求。

（4）安装高程。灯泡式水轮机的安装高程是厂房最基本参数。安装高程除应满足各种工况下防止空蚀和尾水淹没深度大于0.7m的要求外，还应考虑河床下游的影响，并应留一定的余地。在基本高程确定后，为获得较大的发电效益，可进行降低安装高程的方案比较，最终确定安装高程。

（5）建基高程。建基高程受流道和设备布置影响，通常将流道和设备布置在外轮廓线上，减去底板厚度即为厂房各部分的基建高程。管道电缆层高程为流道高程外加流道顶板厚度。

（6）运行高程。设置运行层的厂房，其运行层的高程为管道电缆层高程外加 5m 左右。

进、出口平台及挡土墙顶板高程的确定，应满足校核水位加安全超高的要求。

灯泡贯流式机组厂房水下结构宽度，由流道全长尺寸控制，即由进水口到尾水管出口的总长度控制。它由进水段（布置进口闸门）、机组本体和尾水段（出口布置尾水闸门）等组成。其形状、尺寸与灯泡式机组形状、尺寸密切相关，其尺寸由制造厂家提供。

厂房各高程的确定，也是以水轮机安装高程为基准。除了满足实际吸出高度外，还应小于计算吸出高度，并要满足尾水管出口断面顶部的淹没深度。一般情况下，灯泡式机组的安装高程由尾水管的淹没深度来控制。确定主厂房高度的原则与立式机组厂房相同。

6.6 其他类型的机组厂房布置

6.6.1 卧式反击式机组厂房

单机容量较小的混流式水轮发电机组，较多采用卧轴布置。卧式机组厂房结构简单、设备布置紧凑，施工安装、维护检修和运行均方便。

6.6.1.1 主厂房布置

以发电机层地板为界，地板以上的水上部分为上部结构；地板以下的水下部分为下部结构。厂房水上部分为主机房和装配场。在同一层布置水轮机（包括闸阀）、发电机（包括励磁机）、调速器和油压装置、电缆沟、通风道及油气水等设备。水下部分布置尾水设施、主阀坑和集水井。

1. 机组的布置方式

机组的布置对确定厂房轮廓尺寸有较大影响，有 3 种布置方式。

（1）横向排列。机组台数较多时，往往采用机组轴线垂直厂房纵轴布置，如图 6.29 所示。这种布置机组间距较小，可减少厂房长度，分叉管较短、分叉较小、设备布置紧凑、连接电缆短。缺点是厂房宽度增大，尾水渠要在发电机机座下通过，使尾水渠顶板上载荷增大，顶板受力不利，且使尾水室加长。

（2）纵向排列。机组台数较少时，机组轴线平行于厂房纵轴布置，如图 6.30 所示。这种布置构架立柱可以坐落在地基上，可减轻尾水室顶板载荷，简化顶板结构。缺点是厂房长度大，设备布置分散，并增加电缆长度，运行管理稍不方便。

（3）斜向排列。机组轴线与厂房纵轴斜交，如图 6.31 所示。受特殊地形地质条件限制，斜向排列可缩小厂房平面尺寸和基础开挖，但场内设备布置显得不整齐，运行、巡视不便。

上述 3 种布置方式，应视厂区地形、地质条件，进行分析比较后确定。

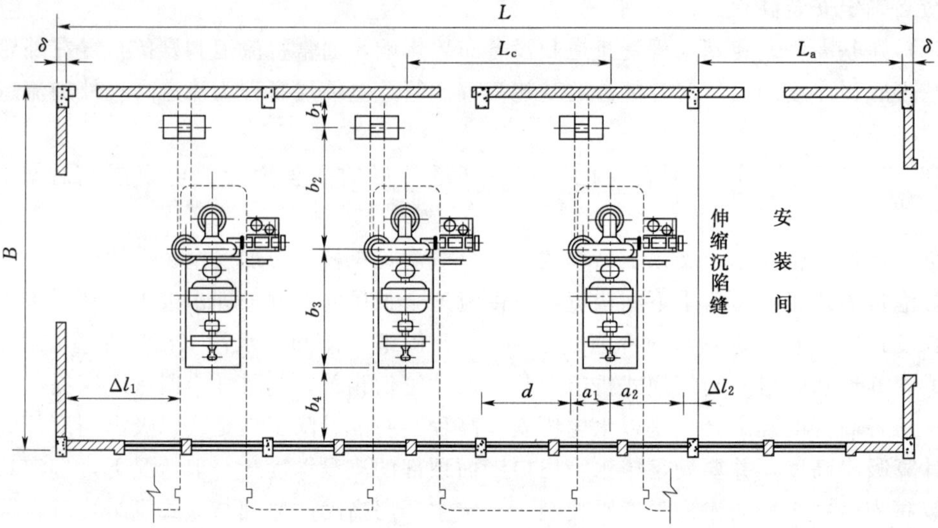

图 6.29 横向排列卧轴机组厂房平面布置

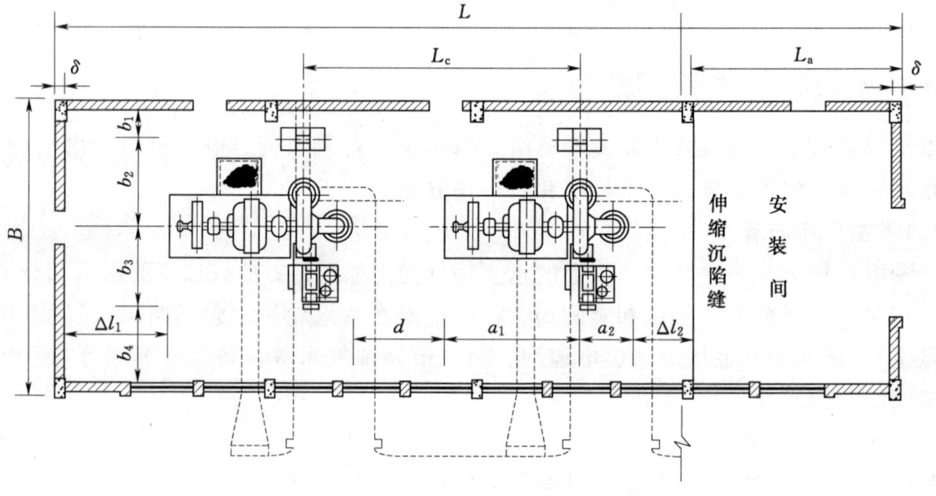

图 6.30 纵向排列的卧轴机组厂房平面布置

2. 调速器和机旁盘布置

调速器沿厂房一侧布置。调速器旁布置机旁盘，使运行人员在控制水轮机导水机构时能看清盘上的仪表。

厂内设备均应布置在吊车吊钩的工作范围内。

3. 中央控制室的布置

单机容量在数千千瓦以上，机组多于 3 台，6～15kV 出线回路较多的电站，一般应设专门的中央控制室，室内布置机组控制盘与保护盘。对于发电机电压为 400V，机组台数小于 3 台的小容量电站，由于机组自动化程度低，手动操作较多，因此没有必要专设中央控制室，可在主机室内设置配电盘，作为操作和保护发电机之用，配电盘可置于主厂房上、下游侧或一端，应尽量与出线方向一致，并靠近主变压器。

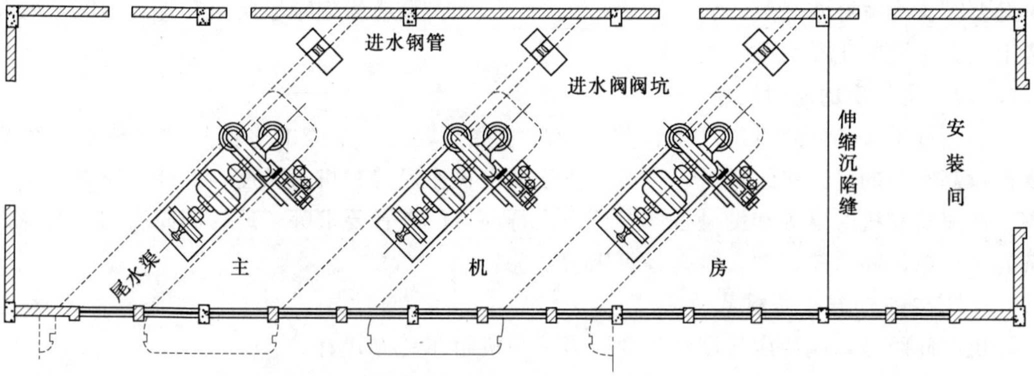

图 6.31 斜向排列的卧轴机组厂房平面布置

机组间、端部距墙及机组上、下游应留有运行通道及安装维护空间。

4. 进水阀的布置

进水阀通常布置在主厂房的阀坑内，位于吊车工作范围内，以利于吊车吊装与检修。阀坑的尺寸应满足进水阀的安装、操作和检修的要求，操作一侧不小于 1.0m，另一侧阀外轮廓与坑壁的距离不小于 0.8m，在主阀前厂房内设伸缩节，以适应温度的变化，若主阀布置在厂房外，可减少厂房宽度，但会增加起吊设备投资，此时应留一通向场内的通道。

5. 装配场

当机组台数多、机组最重部件在 5t 以上的厂房，通常设吊车，并设专门的装配场，场内主要的机电设备应布置在吊车的工作范围内。装配场高程与进场公路、发电机层同高。厂房的宽度应与吊车标准跨度相吻合。装配场长度可取 1.0～1.3 倍的机组段长度。

对小容量机组，厂内不设吊车，也不设专门装配场，可利用机组空地，就地安装、检修机组。

6. 油、水、气系统布置

小型电站卧式机组的油、水、气系统一般比较简单。单机容量 3000kW 以上的电站，或为该地区骨干电站，可设专门储油桶和油处理设备；单机容量小于 500kW 的小型水电站不设专门的储油桶和油处理设备。

供水系统一般采用自流供水方式。自上游压力前池或蜗壳饮水，冷却轴承和发电机冷却器，自流排向下游。渗漏水由集水井汇集，一般采用卧式离心泵排向下游。检修时压力水管和蜗壳的水可排往尾水渠，尾水坑的水，在关闭尾水闸门后，采用移动式潜水泵排水。

小型卧式机组水电站可设置一台移动式空气压缩机，供机组制动和风动工具用。单机容量在 3000kW 以上的电站，若有调相任务时，需设低压气系统，充气压水；当选用 XT 型自动调速器时，可不设高压气系统，如选用 CT—40 自动调速器，需设高压气系统向压力油罐充气。

7. 电缆敷设

厂房内各电气设备之间的连线通常采用电缆。电力电缆与控制电缆宜分开设置。当设置在同一侧或同一支架上，控制电缆宜设置在电力电缆的下方。当采用电缆沟敷设电缆时，其尺寸与机组容量、台数及电缆的电压等级有关，通常应满足电缆的运行、架设与维护等要求。沟宽在0.2～0.4m，沟深在0.3～0.5m，电缆沟应采取防火和排水措施，电缆沟上面盖上混凝土盖板或木板。

6.6.1.2 主厂房的轮廓尺寸

中、低水头的卧式机组厂房，其平面尺寸主要取决于蜗壳的平面尺寸和整个机组长度；对高水头的卧式机组厂房，主要取决于发电机座尺寸和机组长度，此外，还要考虑主阀、调速器和机旁盘等辅助设备以及厂内人行通道的布置要求等。厂房的高度则主要与设备的吊运条件和水轮机的安装高程等因素有关。

1. 厂房平面尺寸的确定

机组间距是影响厂房长度的重要因素，与机组布置方式有关。

主厂房长度与宽度是依据厂家提供的机组安装图及其主要尺寸，如机组长度（从尾水管弯度的外缘至发电机定子端部）、发电机机座高度和蜗壳断面最大尺寸等。

（1）主厂房长度。若机组横向排列，两台机组外缘的最小间距不少于2m，主厂房长度按式（6.14）确定，即

$$L=(n-1)L_c+a_1+a_2+\Delta l_1+\Delta l_2+L_a+2\delta \tag{6.14}$$

式中符号含义如图6.29所示。Δl_1、Δl_2应考虑尾水室宽度和运行管理要求。厂房长度应与排架柱间距相协调。

若机组纵向排列，主厂房长度按式（6.15）确定，即

$$L=(n-1)L_c+a_1+a_2+\Delta l_1+\Delta l_2+L_a+2\delta \tag{6.15}$$

式中符号含义如图6.30所示。Δl_1、Δl_2要满足发电机转子安装、检修时能抽出和套入等要求，d为两机组间距离，至少为2.0～2.5m。

（2）主厂房宽度。机组纵向排列的厂房，机组中心线上游侧宽度为

$$B_{上}=b_1+b_2 \tag{6.16}$$

式中符号含义如图6.30所示。进水阀中心线至厂房上游侧边墙的宽度b_1，应考虑进水阀外形尺寸和安装、检修空间，并留0.8～1.2m运行通道宽。进水阀中心线至机组轴线的间距b_2，根据设备布置确定。

机组中心线下游侧宽为

$$B_{下}=b_3+b_4 \tag{6.17}$$

式中符号含义如图6.30所示。

厂房宽度为

$$B=B_{上}+B_{下}+外墙厚度\ 2\delta=b_1+b_2+b_3+b_4+2\delta \tag{6.18}$$

机组横向排列的厂房宽度计算同式（6.18），式中符号含义如图6.29所示。

电气屏面与设备之间的距离，对于无吊车厂房，一般不宜小于3m，对于有吊车的厂房，一般不宜小于1.5m。控制屏、动力屏后离墙应有0.8～1.0m的距离。厂房宽度应与吊车标准跨度相协调。另外，卧式机组厂房只有发电机层，机电设备的安装、检修和运行人员都集中在此，所以厂房布置应宽敞些，尤其不装吊车的又无装配场的电站，在厂房布置时，更应扩大机组周围的空间尺寸，以利于机组就地检修。

2. 主厂房高度的确定

卧式机组厂房高度确定原则与立式机组厂房相同。根据水轮机安装高程确定发电机层

地板高程，按照机组的安装高度确定水上部分高度。水下部分高度取决于水轮机尾水管的高度及尾水管的布置，如图 6.32 所示。

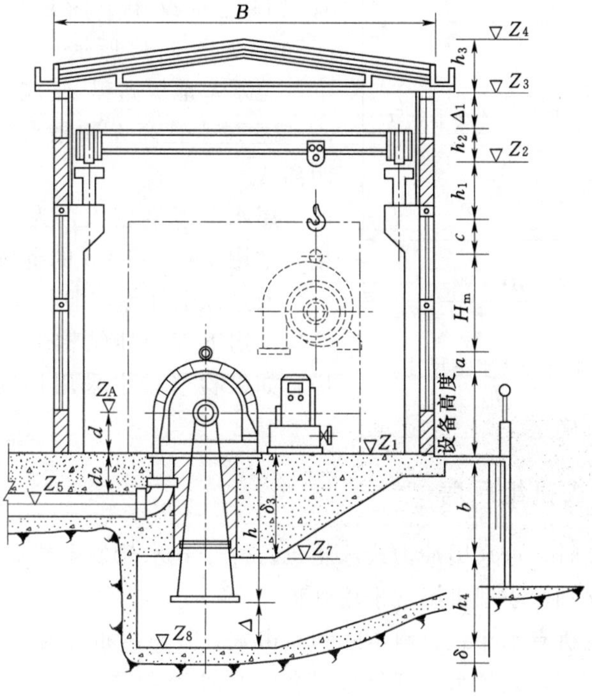

图 6.32 卧轴机组厂房高度的确定

(1) 水轮机安装高程 Z_A。卧轴水轮机安装高程等于下游最低尾水位加上水轮机吸出高度再减去转轮半径。

(2) 发电机层地板高程 Z_1。根据已知确定的水轮机安装高程，按照制造厂家提供的蜗壳外形尺寸图纸，查出蜗壳中心线至发电机地板的距离。通常，发电机层楼板高出下游最高洪水位 1～2m，小容量电站可取 0.5～1.0m。如果不能满足，厂房要有防洪措施。

(3) 吊车轨道高程 Z_2。卧式机组需吊装的最高部件一般为水轮机蜗壳 H_m，吊运蜗壳路线顶部，要考虑垂直安全距离 a（不小于 0.3m）、索具连接距离 c 及吊钩极限高度 h_1。上部结构天花板高程及屋顶高程的确定与立式厂房相同。

(4) 进水阀中心高程 Z_5。发电机层地板高程减去进水钢管顶部混凝土厚度 d_2 和钢管半径。

(5) 尾水室顶板高程 Z_7。决定于尾水室顶板厚度 δ_3，为发电机层地板高程减去顶板厚度。

(6) 尾水室地板高程 Z_8。小型卧式机组常采用直锥形尾水管，出口需形成尾水室，以便尾水顺利泄往下游。尾水室地板高程应按尾水室尺寸、水流条件、安装、检修及施工空间来拟定。

尾水室的宽度及长度不小于（2～3）D_1，尾水管中心距 3 侧边墙不小于（1～1.5）D_1（D_1 为水轮机转轮直径）。为了便于检修，尾水管出口距 3 侧墙面不小于 0.5m。尾水

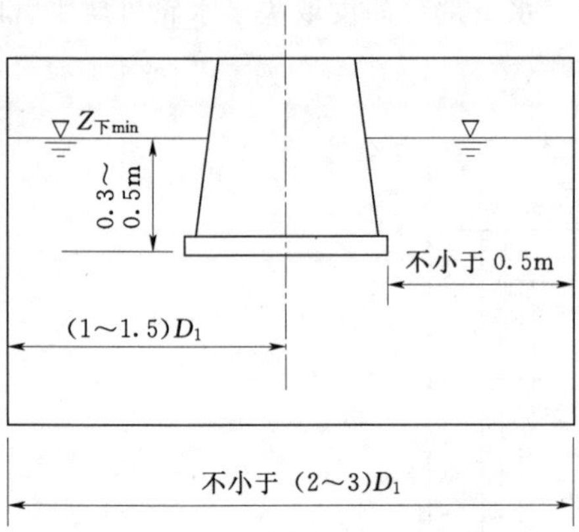

图 6.33 卧轴机组厂房尾水室尺寸

管出口与地板距离不小于 $1.3D_1$，以保证尾水稳定。为了防止空气进入尾水管破坏真空，尾水管出口应淹没于下游最低尾水位以下 0.3～0.5m，如图 6.33 所示。

尾水室地板高程 Z_8 应为发电机层地板高程 Z_1 减去尾水管高 h 和尾水管出口至尾水室底板距离 Δ。

尾水室深度较大，为了便于与下游河床衔接，常用 1∶3～1∶5 的倒坡与下游河床相接。

通过以上计算，即可确定主厂房的高度。

厂房下部块体结构端部布置集水井及水泵房。如果检修排水采用移动式水泵，集水井尺寸根据渗漏排水要求确定。

6.6.2 卧式冲击式机组厂房

水电站水头较高时，可采用冲击式水轮机。冲击式水轮发电机组可以是立轴或卧轴。大、中型机组多为立轴，小型机组常采用卧轴。

卧式冲击式水轮机有水斗式、斜击式和双击式，其厂房布置与卧式反击式水轮发电机组厂房的布置基本相同，只是水下部分布置有所差别。

冲击式水轮机进水管一般低于主厂房地面，进水阀多采用针阀或球阀。小容量机组可采用闸阀，布置在厂外单独的阀室内，闸阀爆破时，高速水流不致直冲厂房。若阀门布置在厂内，应设阀门坑。

冲击式水轮机喷嘴喷出的水束冲击转轮后落入尾水渠，使尾水渠水面发生波动，特别是当折流板动作使水束偏向直接冲入尾水渠，水面波动更为剧烈，要保证转轮不受振荡水面的阻挡，转轮的底缘比波浪水面至少高出 0.5～1.0m，该高度称为排出高度。

卧轴冲击式水轮机安装高程计算公式为

$$\nabla_1 = \frac{D_1}{2} + Z_{\max} + h \tag{6.19}$$

式中：D_1 为转轮外径；$Z_{\max}$为下游最高尾水位（洪水位）；h 为排出高度。

可见，冲击式水轮机虽然没有抗空蚀要求，但要求下游最高尾水位不淹没转轮。

根据式（6.19）计算出安装高程，减去水轮机主轴与地面的距离，即为发电机层地板高程。当发电机外径较大时，发电机的机座可设在机坑内，机坑尺寸由电气设备布置确定。

根据最高尾水位和水轮机设计流量，从下游水位流量关系曲线，查出尾水室水深。最高尾水位减去尾水室水深，即可得尾水室底板高程。

主、副厂房机电设备的布置原则与反击式水轮机的厂房相同。主厂房中的调速器靠近水轮机。机旁盘布置在主机房的上游侧、下游侧或机组旁。

装配场面积受机组解体大修时安放发电机定子、转子和水轮机转轮的条件控制。装配场高程一般与发电机层同高。上游侧副厂房主要布置电气设备及控制设备。图 6.34 所示为某小型卧轴冲击式水轮机组厂房剖面。

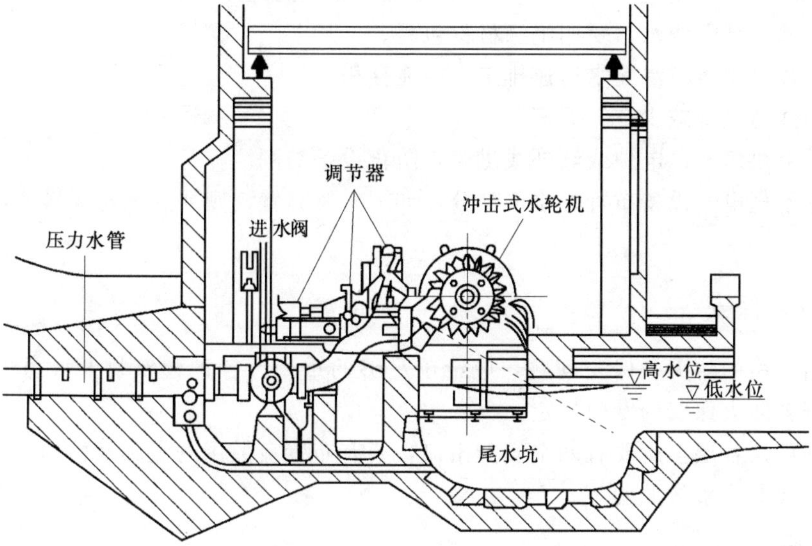

图 6.34　安装卧轴单喷嘴冲击式水轮机的厂房

6.7　水电站厂房采光、通风、防潮防火及防洪

进行厂房布置时，要妥善解决厂房采光、通风、防潮防火的问题，防洪则要进行专门设计。

6.7.1　采光

地面厂房应尽可能采用自然采光，布置副厂房时要考虑开窗的要求。夜间及水下部分房间要安排合适的人工照明。人工照明分工作照明和事故照明（当交流电源中断时能自动投入直流电）、安全照明（设有防触电措施，采用 36V 以下电压的照明）。检修照明及警卫照明，中央控制室及机旁盘内照明不能使仪表表面产生反光，以保证运行人员能清晰观察仪表。

6.7.2　通风

水电站厂房尽可能自然通风，在主厂房的左、右墙合理布置门与窗，以加强厂房穿堂通风效果。

当下游水位过高而不能有效采用自然通风时，要设专门排风设备。

6.7.3　防潮

地面厂房水下部分房间及山坡脚下厂房，要注意防潮。因过分潮湿会造成电气设备的短路、误动作及失灵，还会引起机械设备的锈蚀，恶化运行人员的工作条件。防潮措施有以下内容：

(1) 防渗防潮。墙壁要防渗，应尽可能减少设备的漏水。温度缝要设止水，冷却水管、混凝土墙有结露滴水，要用绝缘材料包裹。

(2) 加强排水。将渗漏水迅速排走，不能存积。

(3) 加强通风。减少空气湿度。

(4) 局部烘烤。以电炉或红外线烘烤，防止设备受潮。

尽可能不把电气设备布置在水下部分，如一定要布置，则要加强防潮措施，必要时做防潮隔墙。

6.7.4 防火保安

水电站厂房的防火、保安问题，应给予足够的重视。各种建筑物及设备的布置与设计，均应符合防火保安的专门规定。

主、副厂房各层至少要有两个安全出口，要有布置疏散用的走廊及楼梯，有消防用的消防器材，要装设事故照明等。

6.7.5 厂房防洪问题

当水电站厂房下游水位变幅较大时，发电机层高程由于水轮机安装高程和其他条件的限制，往往低于最高尾水位，为了防止水淹厂房，可采用以下方法：

(1) 厂房墙建成钢筋混凝土防洪墙。当厂房靠近山坡时，将厂房下游侧最高洪水位以下的墙体做成挡水墙，并将厂房两侧挡水墙延长并嵌入山坡岩体中。这样自然通风、采光条件较差。为了改善厂房通风、采光，在下游开防洪钢窗，平时开窗通风、采光，洪水期关闭窗防洪。

(2) 在主厂房处建防洪墙。沿厂房下游侧及两侧修筑专门防洪墙，把厂房围起来，这样采光、通风条件较好，但防洪工程量大。

(3) 厂房建成圆桶式防洪结构。这种结构工程量省，但厂房通风、采光条件差，而且厂房内有回音，影响工作条件。

上述前两种防洪方法，沿厂房山坡处要开挖排水沟，拦截山坡上的雨水，汇集到厂房外集水井，利用排水泵排除防洪墙内的积水。